作戦司令部の意思決定

米軍「統合ドクトリン」で勝利する

Doshita Tetsuro
堂下哲郎（元海将）

並木書房

はじめに

「規模との戦い」と「不確実性との戦い」

本書は、軍事作戦*を指揮する司令部の意思決定の手法を明らかにしたものです。

軍事作戦に軸足を置いていますが、この手法は軍事のみならずビジネス界においても十分通用する考え方だと思います。なぜなら、軍事作戦を「規模との戦い」と「不確実性との戦い」という一般にも共通する２つの側面からとらえているからです。

「規模との戦い」では、作戦に参加する兵士、艦艇、航空機、大量の作戦資材を効率的に運用するために、標準化された用語、概念、手順、業務処理要領が定められ、全体を確実に把握し、指示や命令を徹底するための指揮系統や司令部の態勢が工夫されています。最新の情報処理・通信技術が貢献する分野でもあります。

もう１つの「不確実性との戦い」では、敵との駆け引きから生じる極めて不透明で、不確実な状況のもと、使命*を達成するために正しい目標*を立て、速やかな意思決定を行なわなければなりません。この戦いで敵に打ち勝つには、多くの情報を迅速に処理する能力に加えて、偏(かたよ)りのない柔軟かつ批判的な思考能力が求められます。

意思決定の速度が追求されるのはもちろんですが、質の高い分析、予測の広さや深さ、独創性が勝敗を左右することになります。このため、単なる経験や勘に頼ることなく、組織の「空気」に流されないような意思決定の手法が必要となります。これは人間の仕事です。

また作戦司令部は、この２つの戦いから生じる相反する要求を同時に満たさなければなりません。標準化、定型化、統制の強化、迅速性の追求は比較的取り組みやすいものだけに、よほど気をつけないと発想や思考の硬直化、安直な意思決定を招きかねません。軍隊組織のように共通の行動規範をもった階級社会で、団結の強化、伝統や慣習を重んじる環境では、このような傾向が助長されやすいといえます。

日本海軍の『海戦要務令』と米海軍の『健全なる軍事判断』

太平洋戦争における日米海軍の例を見てみましょう。

そもそも日本は戦争の見通しについて、敵に大損害を与えれば、そのうち講和のきっかけがあるだろうと甘く考えていました。そのような考え方のもと、日本海軍は、緒戦のハワイ急襲作戦こそ綿密な計画と周到な訓練で成功させましたが、その後、敵が事前の予想と異なる行動をとると、効果的な対応がとれなくなり敗北しました。

この原因の１つには、参謀の虎の巻であった『海戦要務令』がありました。すでに戦いが航空機中心の時代になっており、日本海軍自ら真珠湾攻撃でそれを証明したにもかかわらず、大艦巨砲主義下における艦隊同士の決戦を最高の戦法として、日本海軍の戦略*、作戦思想を画一的にしばっていたのです。『海戦要務令』は、さまざまな作戦のうち艦隊決戦だけに「ヤマ」を張り、それが大外れしたともいえるでしょう。

一方の米海軍は、さまざまなウォーゲーム*により、「神風戦術を唯一の例外として、戦争中驚くことは何もなかった」というほどの見通しを立て、的確に日本軍を敗北に追い詰めました。

さらに開戦前の1934年（1940年改正）には、意思決定の手法である『健全なる軍事判断（Sound Militaly Decision）』も完成させています。これは、収集した情報に基づいて検討したいくつかの行動方針*案を、①作戦目的と適合しているか？　②実行は可能か？　③生じ得る結果は受容できるか？という３つの観点から客観的に評価して決定するというものです。これは本書で論じる意思決定の手法のもととなったものです。

戦う組織は、その規模が大きくなればなるほど、組織自身が行動するために標準化や定型化を進めざるを得ません。しかし、それが状況判断や行動の意思決定にまで及んで硬直化を引き起こすと、変化した状況に対応できなくなり、組織自体が滅んでしまいます。

本書は、このような事態を回避し、構想、計画、実行の各段階を通じて、迅速性、柔軟性、独創性を発揮できるような意思決定の手法と「レッドチーム*」による批判的思考法を提示します。これが本書の第1の目的です。

作戦幕僚の視点で現実を分析する

第2の目的は、抽象度の高い戦略論や個々の兵器レベルではない作戦レベルで、軍事作戦がどのような考え方や手順で計画・実施されているかを提示することです。これは軍事情勢を見るときに役立ちます。

北朝鮮をめぐる情勢が緊張してかなり経ちます。北朝鮮は、核実験や弾道ミサイル発射といった挑発を繰り返し、経済制裁を受けながらも、2018年の平昌冬季五輪を利用した「微笑外交」や「対話攻勢」を展開し、制裁網の切り崩しや日米韓の同盟分断を図りつつ、米朝首脳会談に漕ぎつけました。

当時、このような北朝鮮の挑発に対して、すでに米国の「レッドライン」を越えており「戦争前夜」だという人もいれば、日韓両国に予想される被害を考えると戦争は「想像できない」という人もいました。

確かに激しい言葉の応酬とエスカレートする北朝鮮の挑発や米軍の空母機動部隊の展開、爆撃機の飛行などを見れば、「戦争前夜」をイメージします。当然、米軍もそれなりの「攻撃」は可能だったと思われます。また、北朝鮮が無傷のまま見境なく反撃に出るとすれば、韓国や日本に大きな被害が出ることもまた容易に想像できました。

しかし、このような時こそ「平和を欲するなら戦争を理解せよ」です。軍事作戦を計画・実行する「作戦幕僚」のような観点から現実に即して冷徹に考えることが必要です。

前述の「レッドライン」は、「エンドステート*」（作戦によって最終的に実現される状況）が明らかにならなければ、決められないものです。戦争を始めるだけなら「レッドライン」の議論だけでよいかもしれませんが、戦争を始める前には終わらせ方を決めておかなければなりません。そのためには「エンドステート」の議論が出発点になります。

また、軍事作戦にノーリスクはあり得ません。根拠の曖昧な被害想定に振り回されて、「想像できない」と思考停止に陥るのではなく、目指す「エンドステート」のレベルごとに戦い方を検討し、それぞれの被害見積りをできるだけ小さくする工夫を軍事以外の取り組みも含めて作戦面から追求するのがあるべき作戦幕僚の役割です。

本書は、このような視点で、やや専門的な部分に触れつつも、軍事作戦がどのような考え方や手順で計画・実行されているかを紹介して、軍事情勢を見るリテラシー向上の一助にしていただければと思います。

実戦を通じて磨き上げた「統合ドクトリン」

本書の説明は、米軍の統合ドクトリンのひとつである『Joint Planning（統合作戦計画）（Joint Publication 5-0）』（2017年6月に改訂）をはじめとする公開された資料に基づくもので、国内外のさまざまな司令部の実例を踏まえています。

米軍の「統合ドクトリン」にいう計画手順について簡単に説明すれば、①計画作成の指示を受け、②自己に与えられた使命*（目的*と任務*）を明らかにし、③いくつかの行動方針*を案出し、④それぞれの行動方針を分析し、⑤比較検討し、⑥最善のものを選んで承認を得て、⑦計画書・命令を起案する、という一連の流れになります。当然、「統合ドクトリン」の示す計画手順は、非常に論理的で、高度に体系化されたものです。

なぜなら「統合ドクトリン」は、「イラクの自由作戦」やアフガニスタンなどでの「不朽の自由作戦」など、米戦域軍司令官やその指揮下の統合部隊*指揮官が行なう大規模で複雑な統合作戦を念頭に置いて作られているからです。

このようなグローバルな危機では、軍事作戦の勝利は国家レベルの戦略目標達成の一部に過ぎません。軍事行動はその他の国家的手段と連携・調和させる必要があり、政治・軍事を含めた「統合ドクトリン」の概念が生まれました。

この「統合ドクトリン」により、現場部隊から上級部隊まで、さらには関係省庁・組織がともに対処すべき問題を明確に認識でき、作戦につきものの不確実性を減少させることができます。危機的状況時には各部隊が主動*的に対処しやすくなります。

異なる戦術*思想、兵器体系、組織文化を持つ複数の軍種を束ねるために生まれた「統合ドクトリン」は、多国籍部隊、有志連合（コアリション）との共同作戦も視野に入れています。NATO諸国用の「連合統合ドクトリン（Allied Joint Doctrine）」や多国籍部隊用の「多国籍部隊SOP（MNF SOP：Multinational Force Standing Operating Procedures）」などがそれにあたります。

米軍は、これらドクトリンの大半をJEL（Joint Electronic Library：http://www.jcs.mil/Doctrine/）として一般公開しています。JELは、1995年にその原型が整備され、現在、60あまりの関連ドクトリンが公開され、継続的に改定されています。まさに日々進化を続けるドクトリン体系といえます。

統合部隊のパイオニアである米軍が熾烈な実戦を通じて磨き上げてきた「統合ドクトリン」は、複雑な統合作戦を立案・実行するうえで不可欠なものとして世界の政軍関係者が認識しています。

使用した資料は巻末に掲げていますが、それぞれの公表時期による内容の違いは、できるだけ最新のものに合わせて記述しました。さらに理解のしやすさを重視して、各資料内容の取捨選択、記述順の変更、用語の説明を行なっています。

計画作業の手順を解説している第２章から第４章までは、読者の理解を容易にするため、各手順の段階がプロセス全体の中でどこに位置するか、折り込みの付録８「作戦計画作成のためのJOPPステップと意思決定サイクル」にまとめましたので、適宜ご参照ください。

なお文中の「*」（各章の初出のみ）は、付録７「用語・略語集」をご覧ください。

目　次

事例としての「イラク戦争とフォークランド戦争」

本書では主にイラク戦争（2003年）とフォークランド戦争（1982年）の事例を用います。

これは、敵が攻めてきてはじめて戦う「専守防衛」に徹する我が国では「典型的な戦争」ではありませんが、両方ともいわゆる「外征作戦」として作戦の計画や準備をしたうえで、国の意思として開戦、終結させた戦争であり、米軍の現行ドクトリンの解説に適したものとして取り上げました。

また、比較的近年のイラク戦争は多くの読者にとって記憶に新しいこと、現行ドクトリンに少なからず影響を与えていることも重要な点だと考えます。

資料については、関連する米軍の公開資料が限られているため、ボブ・ウッドワード著『Plan of Attack』（邦訳『攻撃計画』）から「イラクの自由作戦」の計画プロセスに関連する部分を参考にしました。なお原著の引用箇所は筆者の訳文のため邦訳本とは異なります。

一方、フォークランド戦争については、防衛省防衛研究所の『フォークランド戦争史』を活用しました。この戦争を取り上げるにあたり、当時の英軍の統合部隊に関する考え方は現在とは異なっており、後述する米軍の統合ドクトリンにいう「作戦レベル」の概念を導入したのも1989年頃といわれていることに留意しました。

その他、太平洋戦争時の日本海軍の例などを用いていますが、使用した資料は巻末に示します。

イラク戦争（「イラクの自由作戦」）の経過

この戦争は、9.11同時多発テロ（2001年）を受けて始まったアフガニスタンなどにおける対テロ戦争「不朽の自由作戦」が継続するなかで、米国を主体とする有志連合が、イラクの大量破壊兵器を武装解除するためにイラクへ進攻した戦争です。

2003年３月20日から開始され、有志連合軍は圧倒的な勝利をおさめ、５月１日には「戦闘終結宣言」が出されましたが、主要な開戦理由であった大量破壊兵器は発見されませんでした。その後、イラク国内の治安回復が遅れ、大規模な戦闘も起こり占領政策はつまずきました。米軍が撤収して「戦争終結宣言」が出されたのは2011年12月18日のことでした。

主な経過は次のとおりです。（米国時間、◇：作戦計画関係）

2001年

9月11日　米同時多発テロ
10月7日　米、アフガニスタン空爆開始。「不朽の自由作戦」開始
11月21日　◇大統領から国防長官へイラク戦争計画の作成指示
12月1日　◇統合参謀本部議長から中央軍司令官へ「指揮官見積り*」提出を命令
12月初旬　◇「インターナル・ルック」演習実施
12月12日　◇国防長官から中央軍司令官へ「戦略指針」指示
12月28日　◇中央軍司令官、大統領へ「作戦アプローチ*」１回目の報告（これ以前に国防長官へ３回の中間報告）

2002年

1月29日　大統領、年頭教書で北朝鮮、イラン、イラクを「悪の枢軸」と非難
2月7日　◇中央軍司令官から大統領へ作戦概念*「衝撃と畏怖」報告
3月　◇中央軍司令官、指揮下部隊へイラク戦争の極秘検討指示
8月　◇国家安全保障大統領命令（NSPD*）、外交手段を尽くす方針
8月6日　◇中央軍司令官、部下指揮官へ正式な計画作成指示
9月12日　大統領、イラク問題で国連総会演説
10月11日　米議会、対イラク武力行使容認決議
11月8日　国連安保理決議1441号採択、イラクに査察再開を迫る。武装解除順守の最後の機会
11月18日　査察団先遣隊イラク入り

2003年

1月20日　国連武器査察団、安保理に経過報告
1月24日　◇「イラクの自由作戦」計画完成
2月5日　パウエル国務長官、国連安保理にイラクの大量破壊兵器開発の「証拠」提示
2月24日　英・米・スペイン、イラク武力行使容認決議草案を提出
3月15日　ライス大統領補佐官、イラク暫定機構構想発言
3月17日　ブッシュ大統領、最後通牒演説（48時間以内の政権放棄）
3月18日　国連査察団、イラク出国
3月20日　米英軍などイラクへ進攻開始。「イラクの自由作戦」開始
5月1日　ブッシュ大統領、戦闘終結宣言

2011年

12月18日　オバマ大統領、戦争終結宣言

フォークランド戦争の経過

この戦争は、大西洋の英領フォークランド諸島（アルゼンチン名：マルビナス諸島）の領有をめぐり、英国とアルゼンチン間で起こった戦争です。

アルゼンチンは、1982年３月19日に海軍艦艇を用いて民間人を上陸させ、その後占領しました。これに対して、英軍は多大の困難を克服し上陸作戦を敢行して再占領し、６月20日に停戦して終結しました。両国とも相手の出方を読み違えた結果、「思いがけない戦争」といえるものでした。

英国にしてみれば、現地が冬に向かい上陸作戦が困難になるなか、国際社会からも調停の動きが活発化しましたが、それをはねのけ大国の威信をかけて上陸作戦による奪還に成功した戦争でした。

主な経過は次のとおりです（英国時間）。

1976年

2月4日　英調査船、アルゼンチンEEZ*内で警告射撃される（「シャックルトン事件」)。英、緊急作戦計画策定（アルゼンチンの侵攻阻止は極めて困難、奪還作戦を想定）

1977年

11月　英、対アルゼンチン抑止*のため艦艇部隊をフォークランド近海へ派遣

1979年

5月　サッチャー保守党政権成立

1981年

6月　英国防政策見直し、フォークランド配備の哨戒艦退役決定

12月　ガルチェリ陸軍大将がアルゼンチン大統領に就任

1982年

1月19日　アルゼンチン軍事評議会、国家戦略方針にフォークランド諸島の奪還を明記

3月1日　アルゼンチン外務省「奪還のためにはあらゆる手段を講ずる」

3月9日　英合同情報委員会、「アルゼンチンは極端な行動に出ない」

3月19日　アルゼンチンくず鉄業者（軍人紛れ込み）、サウス・ジョージア島に上陸。英は外交的解決を模索、軍事衝突を恐れ哨戒艦は待機

3月26日　アルゼンチン軍事評議会、フォークランド諸島への武力侵攻を決定

3月29日　英、原潜派遣決定（4月12日到着）。ジブラルタルから補給艦（海兵隊員

西フォークランド諸島
ポート・スタンレー
ペブル島
サン・カルロス
グース・グリーン
東フォークランド諸島
50km
イギリス
ポーツマス
ジブラルタル
フリータウン
シエラレオネ
アセンション島
南アフリカ
サイモンズタウン
アルゼンチン
完全封鎖水域（TEZ）
サウス・ジョージア島
フォークランド諸島
ア巡洋艦ヘネラル・ベルグラノ撃沈
フォークランド諸島までの距離
英本土 13,000km
アセンション島 6,000km
アルゼンチン空軍基地 700～1,070km
空軍基地

200名）出港。英艦隊司令官、第1艦隊司令官へ派遣準備指示

3月30日	英防衛作戦執行委員会、「水上艦艇派出は挑発となるため反対」
3月31日	英合同情報委員会、「アルゼンチンの侵攻の可能性ほとんどない」、その後、通信傍受によりアルゼンチン侵攻を4月2日と予想
4月1日	英原潜2隻出港。ジブラルタルからフリゲート2隻派遣決定。
4月2日	アルゼンチン軍、フォークランド諸島上陸、占領（のち英海兵隊員の降伏写真が報道される）。英、空母を含む任務部隊派遣を決定。国内のアルゼンチン資産を凍結
4月3日	アルゼンチン軍、サウス・ジョージア島占領。国連安保理決議502号採択（アルゼンチン軍の即時かつ無条件の撤退を要求）
4月5日	英海軍任務部隊が出発、空母出港を大々的に宣伝
4月6日	英、戦時内閣を設置
4月8日	米ヘイグ国務長官、シャトル外交開始
4月12日	英、フォークランド諸島周囲200マイルに「海上封鎖水域（MEZ*）」設定
4月17日	英任務部隊、アセンション島に集結、作戦会議
4月25日	英軍、サウス・ジョージア島を奪還
4月30日	英、「海上封鎖水域（MEZ）」を「完全封鎖水域（TEZ*）」へ変更。アルゼンチン、英軍への攻撃許可
5月1日	英軍、バルカン爆撃機（ブラック・バック作戦）、艦艇等による攻撃開始
5月2日	英原潜、アルゼンチン巡洋艦「ヘネラル・ベルグラーノ」をTEZ外で撃沈。対英批判強まる。ペルー、調停案提示
5月12日	英、上陸作戦計画完成
5月14日	英陸軍特殊部隊、ペブル島飛行場を襲撃
5月18日	英戦時内閣、上陸作戦実行を決定
5月20日	国連事務総長、調停断念
5月21日	英軍、サン・カルロスへ上陸、直ちに攻撃開始。英艦艇の被害が続きサッチャー政権への支持低下
5月28日	英軍、グース・グリーンを占領
5月31日	米、仲裁案提示
6月2日	スペイン、パナマ即時停戦案提示
6月14日	ポート・スタンレー陥落、アルゼンチン守備隊降伏
6月20日	停戦

第1章
作戦、作戦術とは何か

この章は、戦いの階層*、作戦*の成り立ち、作戦術*やJOPP*の考え方を理解して議論の土台とします。

1）「戦いの階層」には「戦略*」「作戦」「戦術*」の３つのレベルがあります。軍事組織もこの３つのレベルに対応したものになっています。これら「戦略」「作戦」「戦術」のレベルを同期*させることで勝利を目指します。ここではフォークランド戦争でのアルゼンチン軍の失敗例もあわせて紹介します。

2）統合任務部隊*（JTF*）は、陸・海・空軍・海兵隊の軍種別構成部隊と機能別の部隊から編成されます。

3）作戦の流れは６つのフェーズ*で考えます。平素は「０」、抑止は「１」、「２」からは武力行使です。2018年6月の米朝首脳会談に至る北朝鮮情勢はフェーズ１にあたります。

4）FDO*（柔軟抑止選択肢*）は、軍事以外の国家的手段も広く含んだ抑止*のためのパッケージで、フェーズ０～１に相当します。ここでは対北朝鮮制裁（2017年9月）の内容を検討します。

5）作戦術、作戦設計*、JOPPの考え方を紹介します。作戦術を活かしつつ作戦設計の考え方で構想し、JOPPで計画を作成します。第２～４章でその具体的な手順を説明します。

1）戦いの階層と「戦略」「作戦」「戦術」

まず、私たちがふだん何気なく使っている「戦略*」「戦術*」「作戦*」という言葉について考えてみます。これらの言葉は、軍事の分野ではどのように使い分けられているのでしょうか。議論の土台として言葉の定義から確認したいと思います。

「戦略」と「戦術」の使い分け

「戦略」「戦術」という言葉は、社会のさまざまな分野で広く使われています。もともとは軍事用語でしたが、一般社会では、それぞれが意味するところとそれらの境界線はかなり曖昧です。

たとえば「サッカー監督の戦術指揮」という使い方は統合ドクトリンの用法から見ると合致していますが、難しいゴルフコースを「戦略性が高い」と表現するのは少し大げさな感じです。

一般社会での「戦略」と「戦術」の使い分けは、おおむね長期的か短期的か、総合的か局所的か、抽象的か具体的かの違いによるものと思われます。あるいは視点の高低、視野の広狭、スケールの大小によって使い分けているかもしれません。

一般社会では「戦略的」「戦術的」という用語も広く使われていますが、「作戦的」という言葉はあまり使われていません。「戦略」と「戦術」が対置的に用いられることが多い半面、「作戦」はいわばそれらと別個の軍事行動全般を指す言葉として用いられているようです。

では、日本海軍の「戦略」「戦術」の定義はどうだったでしょうか。前述した海軍参謀の虎の巻である『海戦要務令』によると、戦略とは「敵と離隔してわが兵力を運用する兵術」とされ、戦術は「敵と接触してわが兵力を運用する兵術」と定義されています。つまり、「視界の届く範囲の外と内」で区分していたことになります。

「戦略」「戦術」を両者の本質的な区別ではなく、単に視界の限度による空間の広狭においたのは、理論的に大きな欠陥のある定義だといわざるを得ません。ちなみに、日本海軍では「戦略を実施すること」を「作戦」といい、「戦術を実施すること」を「戦闘」と呼んでいました。

このような一般社会での「戦略」「戦術」のあいまいな使い分けと、日本海軍の不完全な定義を知ったうえで、米国の統合ドクトリンではどう定義されているか、見てみましょう。

「戦いの階層」で勝利を追求する

米軍の統合ドクトリンでは、はじめに「戦いの階層*（Levels of warfare）」という概念が出てきます。

この「戦いの階層」を構成するのが、「戦略」「作戦」「戦術」の３つのレベルで、それらを同期*させることで勝利を目指します。そして、その階層のいちばん上が「戦略（Strategy）」レベルです。

統合ドクトリンでは、戦略を「外交、軍事、経済など、さまざまな国家的手段を同期させ、総合的に用いることにより、戦域*および国家レベルで設定された目標*を達成するために検討・策定された構想および指針」と幅広く定義しています。

もともとはギリシャ語のSTRATEGOS（司令官、軍団を指揮する将軍）、STRATEGIA（将軍の行なう謀計〔はかりごと〕、軍隊指揮）を語源とし、もっぱら軍事に限られた概念でした。近代になって、（軍事）戦略は、平時・戦時を通じて国家政策の達成のための広い領域を含む国家レベルの戦略に拡大していき、現在のような「政治目標を達成するための指針」という定義になりました。

「戦いの階層」のいちばん下は「戦術（Tactics）」レベルです。ギリシャ語のTAKTIKA（配置に関すること）、TAKTIKOS（配置を適合させる、指揮する）を語源とし、統合ドクトリンでは「陸兵、艦艇や航空機といった兵力を適切に配置し、命令により行動させること」とされています。

「戦いの階層」の戦略と戦術の中間にあり、両方を結びつけるのが「作戦」レベルです。作戦とは「統一的な目的*を追求する一連の戦術行動」と定義されています。前述のように「戦略」の範囲が広がってきたこと、作戦を担うのが統合部隊*（後述）になり作戦が複合化、高度化してきたことなどから、この「作戦」の階層が担う役割は大きくなっています。

この「作戦の階層」で、上位の戦略目標から作戦レベルの目標を導き、具体的な戦術行動に落とし込むことになります。

米国における「戦いの階層」の実際

実際に「戦いの階層」がどう応用されるかを見てみましょう。

まず大統領は、国家安全保障会議（NSC: National Security Council）の補佐を受けて国家戦略目標を策定します。

この国家戦略目標に基づいて、戦域戦略および戦域における軍事戦略目標が導かれます。ここでいう戦域（Theater）とは、世界を6つの地域に区分し、それぞれに設置された地域統合軍の責任区域（AOR: Area of Responsibility）のことです。

日本周辺を責任区域に持つ地域統合軍である米インド太平洋軍を例にとると、インド洋、アジア・太平洋地域が戦域となります。この米インド太平洋軍の戦域戦略は、戦域の特徴を反映したドクトリン（軍事上の戦略目標達成のために、米軍の行動を導く基本的な原則。実際の適用に際しては、そのつど状況を判断して修正される）とともに策定された

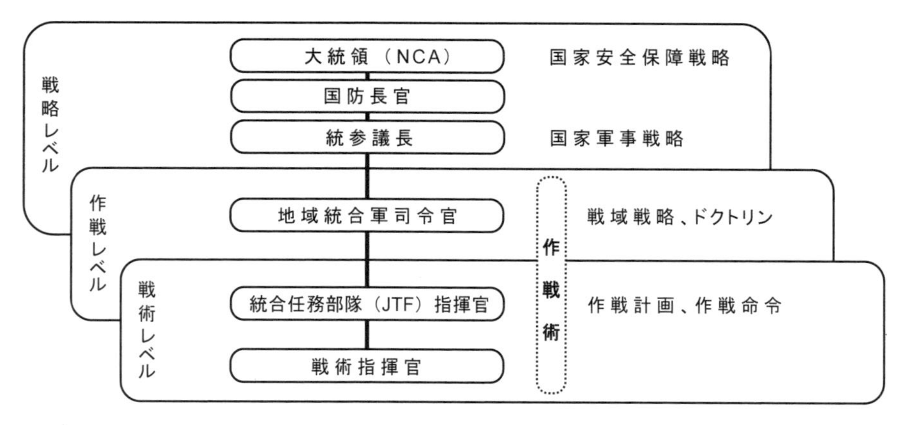

図1 戦いの階層：戦略・作戦・戦術レベル（JP1-0, Fig 1-2 "Levels of Warfare"およびJP 3-0, Fig1-4 "Relationship Between Strategy and Operational Art"にもとづき著者作成）

め、日本のような米国の同盟国の安全保障にとっては極めて大きな意味を持ちます。

図１は、以上の考え方を示したものです。「戦いの階層」の最上位の戦略レベルには、国家戦略と戦域戦略が含まれます。戦略レベルと作戦レベルをつなぐのは戦域を担っている地域統合軍です。米インド太平洋軍が日米同盟の基盤といわれるのは、単に日本周辺の米軍部隊を指揮下に置いているからだけでなく、米国の国家戦略に軍事面から直接的に連接していることが、その大きな理由です。

さらに戦略と戦術を連結する「作戦術*」（後述）は、ドクトリンに基づいて実際の状況に応じた作戦コンセプトを作り、戦略目標の達成を目指します。

３つのレベルの非同期が招いたアルゼンチンの敗戦

フォークランド戦争時、英国、アルゼンチン両国ともに作戦レベルに関する概念は確立されていませんでした。基本的に戦略と戦術だけです。

ここで、あえて３つの階層を敗戦国アルゼンチン側に当てはめて、数ある敗因の１つを考えてみたいと思います。

まず、アルゼンチンの戦略レベルでは、英国はアルゼンチンに奪還されたフォークランド諸島を結局は諦めるだろうと判断し、仮に戦争になったとしても国際社会は英国を非難し、米国は新たな「現状」を追認し介入しないだろうと楽観視していました。

そのため作戦レベルでも、英国の反攻に対する具体的な計画はまったく準備されていませんでした。

戦術レベルにおいては、アルゼンチンの奪還作戦は難なく実行されたものの、英海兵隊の守備隊がアルゼンチン軍に降伏して地面に腹ばいにさせられた屈辱的な写真が公表されてしまったことから、英国内で大きな衝撃をもたらし、英国世論を戦争へ駆り立てる一因となりました。

このようにアルゼンチンが「３つの階層」それぞれで誤判断、失策を演じ、戦勝に向けて各階層を同期させることに失敗していたことは明らかです。英国に比べて地理的条件など有利な立場にありながら、敗北した一因と見ることができます。

「戦略の失敗を戦術で補うことはできない」といわれますが、今日の統合作戦では「３つの階層を同期させないと勝利はおぼつかない」といえます。

2）統合部隊と統合作戦

統合任務部隊の構成

ここでは「戦いの階層」を同期させることがとくに求められる「統合部隊」と「統合作戦」について見ていきます。

「統合部隊（Joint force）」とは、統合部隊指揮官の指揮を受けて行動する複数の軍種（陸、海、空軍、海兵隊など）からなる部隊をいいます。基本的に特定の任務*を目的に編成されているので、「統合任務部隊*（JTF*：Joint task force）」と呼ばれるのが普通です。この統合任務部隊は、各軍種別の構成部隊のほか、機能別の任務を担う部隊で編成されます（図２）。

このような統合任務部隊が行なう軍事行動を「統合作戦（Joint operations）」といい、統合部隊指揮官は米インド太平洋軍司令官などの指揮下に置かれるのが一般的です。

統合部隊は、実施される作戦に最も適合するように編成されますが、一般的には、陸上、海上、航空などの各作戦空間（ドメイン）別と機能作戦別の担当部隊が決められます。

このとき、指揮関係が複雑にならないよう、任務の分担、指揮スパン（１人の指揮官のもとに置く下位指揮官、直属部下の数のこと。最大でも７～８人程度）、指揮統制関係、指揮統制システムの能力などを考慮して作戦能力を最大限に発揮し、状況の変化に柔軟に対応（迅速に部隊を分割・再統合するなど）できるように編成されます。

機能別部隊は、特殊作戦、爆発物処理、医務衛生、工兵などで編成されます。ここで注意しなければならないのは、統合の必要性の低い部隊

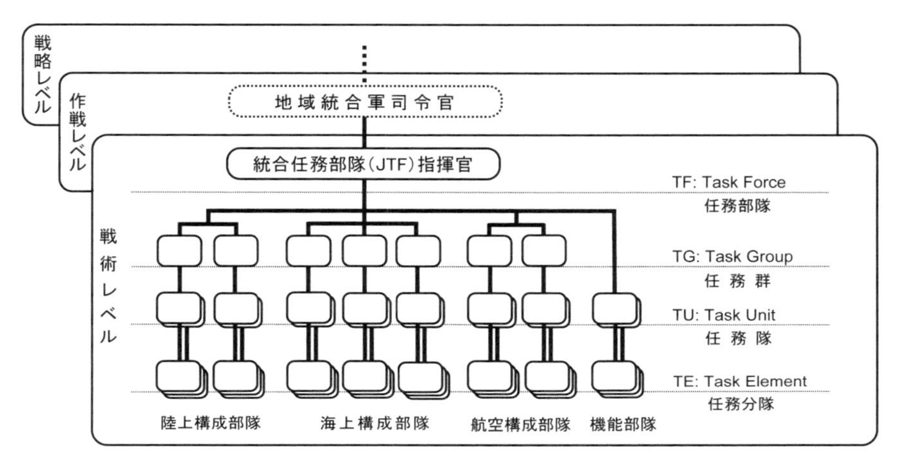

図2 統合任務部隊の構成例（著者作成）

まで「統合のための統合」を行なって、かえって効率を犠牲にすることがないようにします。とくに特定の機能を持つ小さな部隊は、元々の所属部隊から分離したために柔軟性や自己完結性を損なうことがあるので注意を要します。

なお、多国籍部隊、コアリション（有志連合）による統合作戦では、各国の政策や関係法令が異なるため、各国部隊は米軍主導の統合部隊に含まずに指揮系統を別にするなど、さまざまなケースがあります。

「トモダチ作戦」で活躍した米統合部隊

東日本大震災（2011年３月11日）では、米軍は「トモダチ作戦」と呼ばれた災害救援活動を行ないました。太平洋軍（当時）司令官の指揮下で、当初は太平洋艦隊司令官（海軍大将）、のちに在日米軍司令官（空軍中将）が指揮官となって第519統合任務部隊（JTF-519）が編成され、被災地での活動にあたりました。

このJTF-519司令部は、米インド太平洋軍において統合任務部隊が編成される際に司令部の核となる常設の統合任務部隊司令部です。緊急事態への迅速な対処を目的として定員400人（兼務を含む）をもって1999年に設置されました。この司令部は、大規模災害の救援や人道支援、非戦闘員の退避や海上阻止行動といった作戦から大規模地域紛争に至るまで、あらゆる事態に対処する計画を立案し実行できる能力を有しています。

ちなみに、当初、太平洋艦隊司令官（海軍大将）が「トモダチ作戦」の指揮をとった理由は、JTF-519司令部が対処する大規模地域紛争（朝鮮半島、台湾周辺など）の主要任務を担うのが海軍であったためでした。しかし、任務がもっぱら日本国内の災害救援であり、もともと在日米軍が担うべき任務であったため、指揮官は在日米軍司令官（空軍中将）に変更されたのです。

3）6フェーズ作戦モデル

次に、統合作戦のイメージをつかむために作戦全体の流れを見ていきましょう。

北朝鮮をめぐる緊張状態が高まるたびに、メディアでは朝鮮半島危機が報じられ、米軍の軍事行動や北朝鮮の暴発の可能性が取りざたされます。まるで戦争前夜のようにメディアは報じますが、米軍の軍事行動には、奇襲による限定攻撃は別として、「オーソドックスな作戦」の組み立て方があります。その段階を見ていけば、戦争の危機の度合いもわかります。

米軍の統合ドクトリンJP5-0 "Joint Operation Planning"（旧版）には、「6フェーズ作戦モデル」が示されていました。現行版では削除されていますが、フェーズ*（第3章）の考え方は変わりませんので紹介します。これはフルセットのモデルで、実際の作戦に合わせて必要なフェーズをそのつど柔軟に組み立てることになります（図3）。

フェーズ0：抑止のための環境作り（Shape）

平時の安全保障協力で同盟国や友好国との連携を強化したり、統合作戦を通じて潜在的な敵対国を抑止*する段階です。

米国の国家戦略、軍事戦略目標を達成するために国際的な正統性を確立し、多国間の協力を継続させ、敵対国と友好国双方の行動に影響を与えることを狙いとします。

同時に、協力国を増やし、友好国の自衛能力や多国間連携の能力を向上させ、情報交換を強化し、米軍部隊の各国領域への平時および有事におけるアクセスを向上させます。このような取り組みの例として、米・タイ主催の東南アジア最大級の多国間軍事演習「コブラ・ゴールド」があります。

これらの取り組みは、基本的に平時の安保協力の延長線上で行なわれます。たとえば北朝鮮をめぐる情勢のもとでさまざまな対応を実施しているインド太平洋軍司令官は、これらをあらかじめメニューのような形で戦域戦役計画*（TCP*：Theater Campaign Plan）に取り込んでいるものと考えられます。このフェーズはTCPの承認と同時に開始されます。

フェーズ1：抑止（Deter）

危機発生に際して、国家の決意と統合部隊の能力を示すことにより、

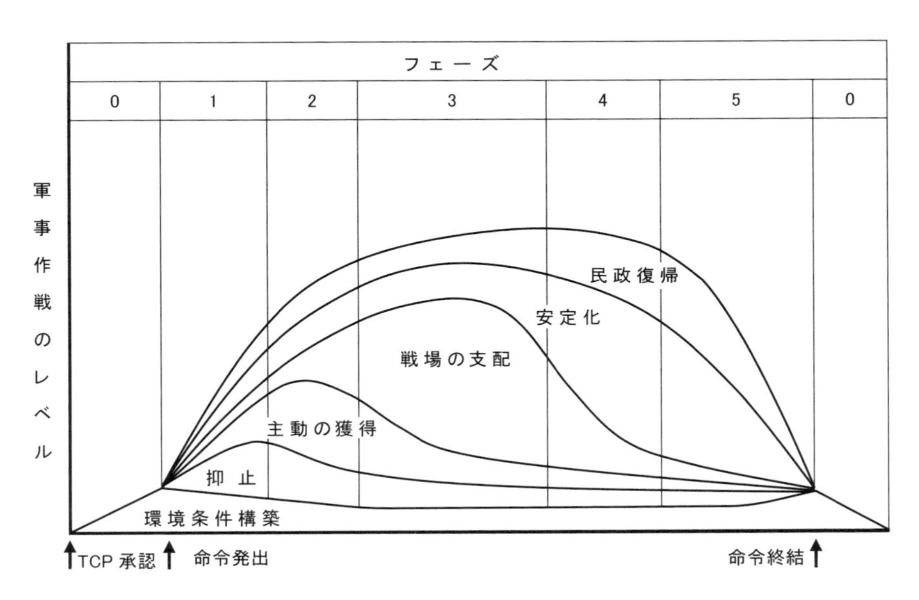

図3 6フェーズ作戦モデル（JP 5-0〔旧版〕, FigⅢ-16 “Notional Operation Plan Phases”）

敵対国を抑止する段階です。これには抑止が失敗した場合の対処に必要な部隊の展開も含まれます。

いったん危機が明確に定義されたら、命令により部隊の動員が開始され、事態対処に必要な部隊が編成されます。準備ができたら、事前展開が行なわれ、部隊のプレゼンスが顕示されることになります。

フェーズ０で構築された連携態勢に加え、以下のものが強化されます。

1）弾道ミサイル防衛部隊の展開

2）多国間のC²*（指揮統制）ネットワークの構築と強化

3）ISR*（警戒監視情報収集）部隊の追加派遣と情報収集態勢の強化

4）CBRN*（化学、生物、放射性物質、核）被攻撃時の後送態勢の準備

フェーズ２：主動の獲得（Seize Initiative）

戦闘状態で敵を撃破するために主動*（先手を打って相手を動かす）を握る段階です。早期に攻撃を開始し、敵に作戦限界点*（戦いを維持できなくなった時期や場所）を迎えさせ、決戦に持ち込む状況を作ります。敵の行動を遅延させたり、攻撃を加えて、次のフェーズ３での戦闘力を奪います。

フェーズ３：戦場の支配（Dominate）

敵の組織的な戦闘を継続する意志を失わせる段階です。統合部隊は決定的な時期と場所（決勝点*）において敵を圧倒します。

敵が正規軍の場合には、作戦限界点に追い込んだ敵を決戦により撃破します。非正規型の戦闘の場合は、正規型に加えて対テロ戦、対ゲリラ戦、安定化作戦および情報作戦*の組み合せによって戦われることになります。

フェーズ４：安定化（Stabilize）

軍事力の役割を民政へ引き継ぐ段階です。

このフェーズは、正統性のある文民による統治機構が機能していない場合に必要になります。統合部隊は、そのような機構が機能するまで、

暫定政府に対する支援、NGO（非政府組織）を含む非軍事活動の統合、住民に対する必須サービス（食料、医療など）を行ない、より安定した状況へ移行させるようにします。

フェーズ５：民政への復帰（Enable Civil Authority）

統合部隊は正統性のある文民による統治機構に対する支援を実施します。

事例：北朝鮮情勢は「フェーズ１」の段階

以上の６つのフェーズでわかるように、国家として危機を明確に定義して、事態対処に必要な軍の動員と部隊を編成し、事前展開により部隊のプレゼンスを顕示するのが「フェーズ１」であり、いわゆる戦闘状態が「フェーズ２と３」になります。

前述した北朝鮮をめぐる緊張状態も、動員や部隊の編成、すなわち作戦計画の発動が行なわれていない限り、平時の延長線上にある「フェーズ０」ということになります。しかし、現実には「フェーズ１」に相当する措置が先行的に行なわれることも多く、平時と有事の境界線がはっきりしない「グレーゾーンの状況」にあると考えられます。

実際に2018年２月23日の記者会見でトランプ大統領は「制裁が機能しなければフェーズ２に移行する」と述べたことから、それまで「フェーズ０」であると思われていたものが、北朝鮮に関する作戦計画はすでに発動されており、「フェーズ１」の段階にあることが明らかになりました。

4）柔軟抑止選択肢

北朝鮮情勢に対する米軍の対応は「フェーズ０～１」に相当するということを説明しましたが、この段階は、柔軟抑止選択肢*（FDO*）という概念を理解すると、さらによくわかります。

柔軟抑止選択肢（FDO）とは？

FDO（Flexible Deterrent Options）とは、敵対国の危機発生時の行動を抑止するため、外交力、情報力、軍事力、経済力などの国家が行使できる手段を用いて適切なメッセージを送り、影響力を及ぼすための行動のことです。

あらかじめ多くのオプションをパッケージ化して準備しておき、必要に応じて取り出すことにより、迅速な意思決定を可能にします。これには状況に応じたエスカレーション（脅威のレベルが上がること）の阻止を狙う目的があります。

もうひとつのFDOの目的としては、開戦が回避できなくなり、作戦計画を発動せざるを得なくなった場合などに備えて、米軍の部隊を事前に配置することがあります。このため、FDOを発動する際には、周到な軍事的リスク評価とそれに基づく参加部隊に対する防護措置がとられます。

FDO行使の４つの目的

抑止が機能するためには、敵対国にとって抑止されることによる行動の制約や変更がぎりぎり受容できるものであることが重要です。また、行動することで得られる利益がなく、逆に過大なコストを負わねばならないことを敵対国にしっかり認識させることも大事です。このため、FDOの実施に際しては、次の目的を満たす必要があります。

１）米国の同盟上の義務履行や地域の平和と安定に対するコミットメントの強さを知らしめる。

２）敵対国に対して受容できないコストを強いる態勢を顕示する。

3）敵対国の軍事的な反応を誘発することなく地域の軍事力バランスを迅速に改善する（空母部隊の急派など）。
4）敵対国を域内の隣接国から孤立させ、敵対的な連合を分断する。

事例：北朝鮮危機での米空母部隊派遣

2017年に北朝鮮が弾道ミサイル発射を繰り返した際に、米空母機動部隊が日本海に派遣されたり、日米海上共同訓練が実施されたのはまさに上記の目的を狙ったものといえます。

このとき、FDOの主役を果たした空母は、世界中どこでもその強大な攻撃力を投射できる能力から、国家意思を雄弁に語る象徴でもあります。ある米政府高官は「1隻の航空母艦があれば、4.5エーカー（約18,000平方メートル）の広さのアメリカがあるようなものだ」と語り、キッシンジャー元国務長官は危機に際して空母の所在をまず確認したといわれています。

多くの米空母に歴代の大統領の名前がつけられているのも象徴的です。中小国の空軍力をしのぐほどの攻撃力を持つ空母打撃群の地球規模の展開能力は米国のFDOに大きく貢献しているといえます。

国家的な手段を総動員するFDO

FDOは、現地の緊張度に応じて大統領または国防長官が実施を指示します。具体的なFDOの内容は状況によりさまざまですが、最善の結果を得られるよう、外交力、情報力、軍事力、経済力など、国家が行使できる手段を組み合せて実施されます。そのためには省庁間、関係国間の緊密かつ継続的な連携が必須です。

軍事的FDOには、すでに展開した部隊の即応態勢の強化、警戒監視情報収集活動（ISR）の増強、プレゼンス顕示行動（空母部隊の派遣、爆撃機の飛行など）、潜在的な作戦区域*（周辺）への兵力展開（前方展開基地へのステルス戦闘機の臨時展開など）が考えられます。またパブリック・ディプロマシー*（対民間公然広報活動）や情報作戦への支援があります。

経済的FDOには、不動産、金融資産の凍結または差し押え、金融取引の制限または停止、国際企業による取引制限、貿易制裁の実施、技術移転の制限、自国予算による事業の取り止めまたは抑制などがあります。

外交的FDOには、国連、同盟国、友好国からの支持獲得、国連を通じた国際的連携の決意表明、対象国の外交空間の縮小、対象国外交官の活動制限などがあります。さらに対象国内の特定集団への圧力や民主的選挙の推進もあります。そのために特別チームの設置と活動といった選択肢も考えられています。

その他の外交的FDOのオプションとして、米国民の渡航制限、非戦闘員退避（NEO*）の開始、米大使館員の避難準備または避難があります。これらの状況に至れば「軍事行動間近」と判断され、極めて重大なメッセージになります。

情報活動FDOには、紛争や国際問題に対する世論の喚起、友軍の軍事活動や敵対国の国際法規違反の公表、敵対国の意思決定権者や軍隊に対する情報作戦の強化があり、その一部はメディアで目にすることができます。また、友好国および自国の通信システムや情報収集部隊の増強・防護も行なわれ、これらは抑止段階における共同訓練などを通じて準備が進められます。

情報活動FDOは、メディアとのオープンな関係を維持しながら、米国民の支持拡大、一貫した戦略的メッセージの発信が重要とされています。

事例：FDOとして見た対北朝鮮制裁

上記のような軍事、外交、経済、情報のFDOをもとに、包括的な制裁例として北朝鮮への追加制裁を盛り込んだ国連安保理決議第2375号（2017年９月11日）を検証します。

まず金正恩委員長個人の資産凍結、渡航禁止が当初案には含まれていたものの、見送られました。これは内部動揺を引き起こし体制崩壊につながりかねないという判断から除外されたと思われますが、制裁効果が不十分と見なされれば追加される可能性があります。

また、核・ミサイル開発に関係する物資の輸入阻止を狙ったとみられる公海上での貨物船に対する臨検措置や高麗航空の資産凍結については、前者は旗国（北朝鮮）の同意が必要という修正が加わり、後者については見送られました。旗国の同意が不要という修正が加われば、海上阻止行動、臨検措置の実施が現実味を帯びてきます。

その他、北朝鮮人労働者の国外雇用の全面禁止も、既存の労働者は事実上容認するとされ、最大の焦点であった原油の全面禁輸も上限設定とトーンダウンされています。

全体として最も強い制裁を求めた米国案からは後退していますが、修正されたり採用されなかったりした項目が制裁強化の際には再度検討されることを考えると、制裁案が９回連続の全会一致で採択されたことと相まって、北朝鮮に対する強いメッセージになったといえます。

なお、この決議後に北朝鮮が弾道ミサイルを発射したことを受けて、石油精製品輸入量の９割削減や北朝鮮人労働者の2年以内の本国送還を盛り込んだ決議第2379号が同年12月22日に採択され、制裁が厳格化されました。

この制裁には含まれていませんが、米国民の渡航制限、非戦闘員退避手順の開始、さらには米大使館員の避難準備または避難措置の開始という外交的FDOが発動されれば、前述のように「軍事行動間近」のメッセージとなります。

ちなみに在韓米軍は、非戦闘員退避訓練を年２回実施しています。上半期に行なわれる訓練は「フォーカス・パッセージ」、下半期の訓練は「カレイジャス・チャンネル」と呼ばれています。2017年10月23日に「カレイジャス・チャンネル」が開始されましたが、米軍は軍事行動の前兆ととられないよう事前に訓練実施を発表するなど周到な配慮を見せました。

5）「作戦術」「作戦設計」「JOPP」

作戦計画作成のプロセス

本章ではこれまで「戦いの階層」「統合部隊と統合作戦」「6フェーズモデル」「FDO（柔軟抑止選択肢）」について解説してきました。

次章から作戦計画を作る具体的な手順に入りますが、計画を作成する指揮官や幕僚は、ゼロからスタートするわけではありません。作戦の大枠が示されれば、各人の知識や経験から、作戦の目的を達成するための方法や手段に関してさまざまなアイデアを持っています。

優れた指揮官やベテランと呼ばれる幕僚であれば、状況を一瞥しただけで適切な方針や計画が頭に浮かんだり、既存の計画の欠陥やリスクを指摘できたりするでしょう。

このような経験豊富な指揮官や幕僚の独創的な着想などを「作戦術*」として活かしながら、「作戦設計*」という考え方に沿って作戦全体を構想・計画していくのが統合ドクトリンの示す「計画作成プロセス」です。

作戦を計画するにあたり、まず部隊の規模や能力を念頭に、作戦の流れをストーリーボード（絵コンテ）に書き出すイメージで、大まかなスケッチを作成します。これが「作戦構想」です。次に各ボードの内容を具体的に詰めつつ最終的には個々の部隊の動きと全体の流れを視覚化して、関係する指揮官や幕僚が等しく理解できるようにします。

このような視覚化した作戦の流れを「作戦アプローチ*」といい、これを導き出すのが「作戦設計」です。

このような流れを説明する前に、まず「作戦術」「作戦設計」の考え方と「JOPP*（ジョップ）」という概念について説明します。

作戦術と作戦設計

軍事作戦の計画も、「目的」「方法」「手段」を組み合せて、「リスク」対策をとるという点では、一般企業などで行なわれている計画作成と本質的な違いはありません。

ただ、軍事作戦の場合、以下のようなほかにない特徴があります。
1）作戦の成否が国家の安危に直接関わる。
2）人命を賭して多大な資源が投入される。
3）時間的制約のもと、敵との相互作用（駆け引き）の中で常に変化する状況に対応し続けなければならない。
4）実地に試すことができない。

このように、軍事作戦の意思決定者である指揮官には非常に大きな負担がかかることになります。その負担を作戦司令部全体で合理的に管理し、指揮官の健全な判断を支援するのが次章以降で説明する「計画プロセス」です。

さて、作戦の立て方をひと言で説明すると次のようになります。

「作戦術と作戦設計により、エンドステート*（目的）を達成するために、部隊が兵力（手段）をどのように運用すべきか（方法）という構想を立て、標準手続き（JOPP）に沿って具体的な計画にする」

ここでいう「作戦術（Operational art）」は、普通の英和辞書には出ていない用語ですが、「指揮官と幕僚の経験、素養、直感などに基づく『独創的な発想』を活かして作戦構想を立てる『術』である」と統合ドクトリンでは定義されています。

また、「作戦設計（Operational design）」とは、「さまざまなツールや手法を用いることにより作戦構想を部隊の大まかな作戦行動を示す『作戦アプローチ（Operational approach）』として具体化するプロセス」とされています。

この「作戦アプローチ」は、最終的にはJOPP（後述）により詳細な計画と命令に変換され、作戦の実行段階に移行することになります。

この作戦設計とJOPPによる計画作業は、作戦の計画段階はもちろん、実行段階においても同時並行的に行なわれます。（第５章第５節参照）

作戦術を作戦設計に適用する際には、以下のように「目的」「方法」「手段」「リスク」を関連づけながらエンドステート（作戦におけるすべての軍事目標が達成された状態）を目指します。

1）目的（Ends）

達成すべき軍事的なエンドステートは何か？

それは戦略的エンドステートとどのように関連づけられているか？

軍事的なエンドステートを実現するために達成すべき目標は何か？

2）方法（Ways）

これらの目標やエンドステートを最も達成できそうな行動（方法）は何か？

3）手段（Means）

その行動に必要な能力は何か？

現有あるいは派遣を要求している部隊（能力）で対応できるか？

4）リスク（Risk）

当該行動の失敗や受容できない結果が起こる見込みはどうか？

以上のような軍事作戦計画の流れ（作戦術、作戦設計、JOPPの関係）を図式化すると、図4のとおりとなります。

これから、このような「術」の考え方が何度も出てきますが、この「術（art）」については「科学（science）ではないので言葉で説明しにくい。術をマスターするには一定の教育や訓練は必要だが、主として天

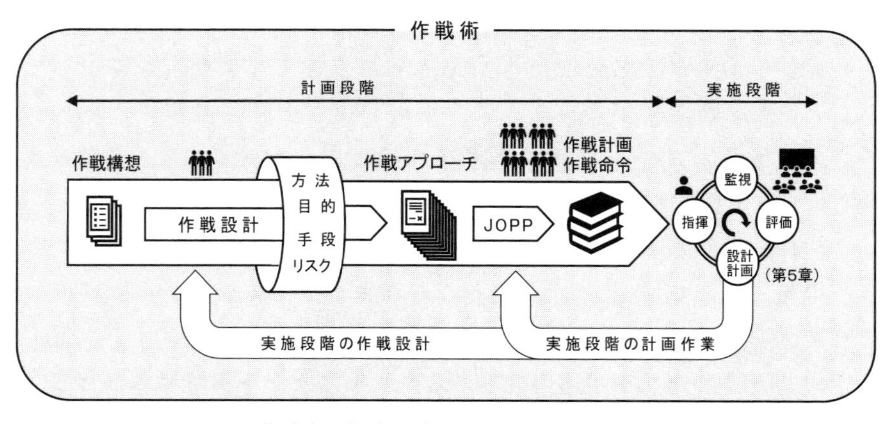

図4 作戦術、作戦設計、JOPPの関係（著者作成）

才的なひらめきと経験によって磨かれていく」という考え方があり、統合ドクトリンも作戦術における直感や経験を重視しています。

歴史上の軍事的な天才といわれた人々が示した「術」を米統合軍による現代の実戦にあてはめ、その教訓を含めて、一般人の私たち指揮官や幕僚が一定の教育や訓練で身につけられるよう、マニュアル化したところに統合ドクトリンの大きな意義があります。

コラム❶「独創的な発想」とは？

統合ドクトリンでは「作戦術とは指揮官と幕僚の経験、素養、直感などに基づく『独創的な発想』を活かして作戦構想を立てる『術』である」と定義していますが、この「独創的な発想」について詳しい説明はありません。「独創的な発想」とはどのようなものでしょうか。

太平洋戦争開戦にあたり、尋常一様の方法では対米戦争に勝てないと考えた山本五十六連合艦隊*司令長官は、型破りの奇略を駆使する自身の構想を具現化できる「アイデア参謀」として黒島亀人大佐を抜擢しました。

そして、黒島首席幕僚が編み出したハワイ作戦（1941年12月、空母６隻を中心とする機動部隊によりパールハーバーに停泊していた米艦艇を奇襲攻撃した）は見事な成果を挙げました。若手士官の中には「秋山真之参謀（東郷平八郎連合艦隊司令長官の下で作戦担当参謀となり日本海海戦の勝利に貢献し日露戦争での勝利を決定づけた）の再来」などともてはやす者もいました。

その一方で、奇人・変人的な日常生活、主観的・独善的な作戦立案、ほかの参謀との協調性の欠如など、大部隊の作戦計画者としての資質には疑問符が付けられました。しかし、山本長官は「ほかの幕僚と違う答えを出すのは黒島だけだ。俺でなければ黒島を使えない」と言って、黒島をかばい続けました。

その後、ミッドウェー海戦（1942年６月）の大敗により、強引な黒島大佐のやり方に対して公然たる批判が噴き出しました。山本長官が戦死して後ろ盾を失った黒島大佐は、軍令部（天皇に直属した海軍全体の作戦指揮の中央統括機関）に転出し、奇策を生み出すことに執着するあまり、やがて「回天」「震洋」「桜花」などの特攻兵器の推進者となっていきました。

黒島大佐が重用されるあまり、幕僚間の協働態勢が損なわれ、参謀長を経由せずに仕事が進められるなど、大戦争を指揮する連合艦隊司令部の態勢としては問題があったと思います。また、黒島大佐の「奇道」が「正道」に勝ち続けるのは無理があったといわなければなりませんし、「独創性と奇策は異なる」ということもいえると思います。

さらにいえば、「発想」と「計画」は異なるものです。発想はいくら型破りでも構わないのですが、その発想を計画として具体化するには、作戦目的との適合性や実行可能性はもちろん、失敗などのリスクをどこまで許容できるかについても検討されなければなりません。作戦は主観的、独善的であってはならないのです。

作戦には、正攻法などの定石を含めていくつかの「型」があります。それぞれの「型」の成功と失敗の事例をよく理解したうえで、その作戦に最適な「型」を採用します。そして、時間と空間の活用法を考え、欺瞞・陽動も加えて「アレンジ」していきます。「独創性」はそこで発揮されるべきものだと思います。

クラウゼヴィッツの言う「戦場の霧*や摩擦*」は作戦につきものです。敵を欺いたつもりが術中にはまった例も少なくありません。作戦幕僚が「奇策」にとらわれすぎたり、「独創のための独創」におちいることがあってはならないのです。

JOPPとは何か？

軍事作戦には「規模との戦い」と「不確実性との戦い」の側面があることは先に述べました。「不確実性との戦い」は、敵味方に関係なく相対的なものです。時間の経過とともに過去の不確実性は解消されても新たな不確実性が発生します。しかも互いに相手の判断を誤らせようと行動するため、不確実性はさらに高まります。

「不確実性との戦い」を制するには、味方にとっての不確実性を減らし、敵にとっての不確実性を増大させることが大事です。

前者のためには、問題の定義（第２章第２節参照）や重心*の分析を適切に行ない、効率的な情報収集・分析に基づく状況判断や欺瞞を看破する手法の活用が重要となります。これは、焦点を絞った「分析的・論理的なプロセス」となります。

後者のためには、独創性を発揮した作戦により敵の判断を誤らせ、対応を困難にさせることが考えられます。こちらは「拡散的・独創的な発想」が重視されます。当然、その発想が実行に堪えるかどうかの検証は不可欠で、これにはウォーゲーム*という手法が用いられます。

この「分析的・論理的なプロセス」と「拡散的・独創的な発想」という相反する要素を効率よく具体化していく手法が「JOPP（ジョップ：Joint Operation Planning Process）」です。

JOPPには、次の７つのステップがあります。

ステップ１「計画作業を開始する」

ステップ２「使命*（目的と任務）を分析する」

① 上級司令部の指針の分析

② 作戦環境の分析

③ 問題の定義

④ 初期的な作戦アプローチの導出

⑤ 作戦アプローチの完成

⑥ 初期部隊割り当ての検討

⑦ 計画上の仮定*を決定

⑧ 作戦上の制限を決定

⑨ 作戦評価の準備

⑩ 重要情報要求*（CCIR*）の作成

⑪ 幕僚見積りの準備

⑫ 使命分析ブリーフィング

⑬ 計画指針の配布

ステップ３「行動方針*（COA*）を作成する」

① 暫定COAの作成

② 暫定COAをフェーズに区分

③ 任務編成*・指揮関係を決定

④ 作戦区域の定義

⑤ 暫定COA「五つの妥当性テスト」

⑥ 検討結果ブリーフィング

⑦ 計画指示の発出

ステップ４「ウォーゲームを使ってCOAを分析する」

① 評価クライテリアの決定

② 決定的イベント*を特定

③ COA分析の枠組みを決定

④ ウォーゲームの準備

⑤ ウォーゲームの実施と結果の評価

⑥ 成果のまとめ

ステップ５「COAを比較する」

① 評価/比較クライテリアを決定

② 比較の実施と結果の記録

ステップ６「COAの承認」

① COA決定ブリーフィング

② 指揮官によるCOAの選定と修正

③ 選定されたCOAの確認

④ 指揮官見積りの準備

ステップ７「計画、命令の作成」

① 計画と命令の作成
② 関連計画の作成
③ 計画の改善・承認
④ 実施段階への移行

ステップ１と２は、少人数の計画チームで行なうのが一般的です（第２章と第３章で詳述）。後述するようにイラク戦争の計画段階では、作戦部長と15人の若手幕僚で行なわれました。

ステップ３以降は、関係する全部隊の司令部が実施するものです（第４章で詳述）。

ステップ３の「行動方針（COA：Course of action）」とは、ステップ２の「使命」（目的と任務）を達成するための方法です。計画の手順をおおまかにいうと、①使命を分析し、②複数の行動方針（COA）案を作成し、③比較検討して最善のCOAを選定、④それをもとに計画と命令を作成する、となります。その流れを論理的、段階的に表したものがJOPPです。

第1章のまとめ

「戦いの階層」、すなわち「戦略」と「戦術」に加えて「作戦」の概念が重要です。この３つの階層（レベル）の考え方で統合軍が編成され、作戦の勝利が追求されるからです。

「戦略」と「戦術」を連結するのが「作戦術」です。これは、経験、素養、直感に基づく「独創的な発想」を活かして作戦を構想する「術」であり、ハイテク兵器を装備した米軍にあっても大変重視されています。独創性の発揮のためには、分析的・論理的に組み立てられる作戦計画に独創的な発想を編み込んでいくプロセスが必要であり、これが７つのステップからなる「JOPP（ジョップ）」です。JOPPについては、第２章から第４章で説明します。

第2章
初期的な作戦アプローチを導く

この章は、前項で紹介したJOPP*のステップ1と2にあたる初期的な「作戦アプローチ*」について解説します。これは通常、少人数の計画チームで行なわれます。ここでは作戦レベルの司令部の動きを中心に解説し、必要に応じて戦術*レベルの現場部隊司令部や戦略*レベルの国家指揮権者*（NCA*：National Command Authority）との接点を持つ司令部についても付言します。

それぞれの手順がJOPPのどのステップに対応しているかは、付録8（折込図）で確認することができます。

1）計画作業は正式な指示を受けて開始します。その際、時間があれ「予測事態対処計画作業*」、実際の危機が発生していれば「危機発生時の計画作業*」を採用します。

2）「使命*（目的*と任務*）」として、戦略レベルからの指針をもとに、５Wの要素を含んだミッション・ステートメント*を確定させます。また、戦争は終わらせ方が重要です。軍事的エンドステート*を定めて、作戦*によって何を達成するかを決め、軍事作戦の終結の判断基準を確定させます。

3）作戦環境を把握して「問題」を定義します。「定義された問題」とは、現在の作戦環境と望ましい作戦環境の差のうち、作戦によって変更されるべき問題のことをいいます。

4）作戦目標を定め、戦術から作戦、戦略に至るレベルごとにそれぞれのエンドステート*を介して下位の目標が上位の目標*に整合するように設定します（目標系列*）。また、使命の達成度合いを判断するクライテリアを設定します。

5）すべての力を指向する重心*を特定して、重心との戦い方（直接ないし間接アプローチ*）を決めます。

6）作戦の流れをイメージして、暫定的な決勝点*と作戦系列*を決め、初期的な作戦アプローチをまとめます。

1）計画作業を開始する［JOPPステップ1］

「イラクの自由作戦」の計画作成

すべての作戦*は大統領や国防長官によって作成が指示される作戦計画に基づいて実施されます。

フォークランド戦争やイラク戦争のように一連の複数の「作戦（Operation）」から成り立っている大規模な軍事作戦は、「戦役*（Campaign）」と呼ばれます。

2011年3月の東日本大震災時に「トモダチ作戦」として救援部隊を派遣したり、北朝鮮に圧力を加えるために空母打撃群や戦略爆撃機を展開させたり、南シナ海において米駆逐艦が「航行の自由作戦」を実施したりするのもすべてそれぞれの作戦計画に基づく行動です。

平時における小規模な行動も、有事における大規模な作戦も、米軍においては、その基本はインド太平洋軍司令部が立案する戦域戦役計画*（TCP：Theater Campaign Plan）に含まれる構想に基づくものです。

米インド太平洋軍司令部は、担当する責任区域（AOR）内において想定される事態を見積り、これらに対処するために国家戦略と整合した戦域*戦略を立案します。

この戦域戦略に基づいて、常設のJTF-519司令部などはいくつもの作戦レベルの構想を立て、そのうち蓋然性や影響度の高いものなどについてはさらに詳細な作戦計画として作り込み、日本や韓国などの同盟国との定期的な合同軍事演習で実地に訓練を積み重ねてその実行可能性を高めていきます。

事例：イラク戦争における計画作成

「イラクの自由作戦」では、2001年11月21日にブッシュ大統領はラムズフェルド国防長官に計画作成を指示しました。同長官は、12月1日（開戦の約1年4か月前）に、統合参謀本部議長を通じ、フランクス中央軍司令官に対して、それまでの「対イラク作戦計画1003」を見直して新しい作戦計画を立案するための基本となる「指揮官見積り*（Commander's Estimate：作戦方針を含んだ簡単な計画）」（付録1）を提出するよう正式に命じたとされます。

フランクス司令官は、12月28日に1回目の報告を大統領に行ない、以後、中央軍司令部はアフガニスタンなどでの「不朽の自由作戦」を24時間態勢で指揮しながら新たなイラク戦争の計画作成に取り組み、2003年1月24日に完成させました。

平時と危機発生時の計画作業

平時に国家としてどのような危機を見積り、どのような軍事オプションを用意するかは、国防政策上の重大な問題ですので、大統領、国防長官あるいは統合参謀本部議長から文書による作成指針が示され、計画作業が開始されます。これを「予測事態対処計画作業*（Contingency Planning）」といいます。あらかじめ時間をかけて作成し、定期的に見直しながら必要になるまで金庫にしまっておく計画です。2003年の「イラクの自由作戦」がこれにあたります。

また突然、危機が発生・拡大して軍事オプションを選択する際には、国防長官あるいは統合参謀本部議長から注意命令（WARNORD*）（付録2）が出され、「危機発生時の計画作業*（Planning in Crises）」が指示されます。この状況では、金庫から引っ張り出して急いでアップデートする場合と、まったく用意がなければ、既存の計画の流用できる部分を最大限に活用しつつ「走りながら考える」式の計画作成となります。

事例：フォークランド戦争における英軍の危機対処計画

「危機発生時の計画作業」の事例としては、フォークランド戦争における英軍のケースが該当します。

1976年以降、英国はフォークランド諸島有事の際の緊急作戦計画を有していましたが、その内容は同諸島奪還のために必要とされる兵力規模の概要を検討しただけのものでした。このため、当時詳細な計画が完成していた北部ノルウェーへの大規模展開計画を参考にしました。

事態の緊迫化を受け、1982年3月30日、英国防省は軍事作戦の主要方針を決める「防衛作戦執行委員会」を召集。すでに派遣を承認されている２隻の原潜に加えて、新たに水上艦艇を派遣することは挑発になるとして反対しました。

しかし、４月２日、サッチャー首相のリーダーシップのもと任務部隊の派遣が決定されたのちは、急ピッチで計画作業が進み、４月17日には中継基地である大西洋上のアセンション島において奪還作戦の内容が任務部隊に詳しくブリーフィングされました。

このように、フォークランドの危機対応においては、1976年版の不完全だった「計画」を下敷きに２週間程度で実行可能な当面の計画を立て、1か月あまりで完全な上陸計画を完成させたことになります。

大統領からの計画作成の指示

米軍の統合ドクトリンでは、平時であろうと危機発生時であろうと、軍事オプションの検討指示は、大統領が総合的に国家的手段を活用できるよう、非軍事オプションの検討も同時に指示されます。これは前述のFDO*（柔軟抑止選択肢*）の事例に見るとおりです（28ページ参照）。

また、大統領の指示がない場合でも、地域統合軍司令官が作成の必要性を認めたら、司令官の権限の範囲内で計画作業を開始できることになっています。さらに重要なことは、当然のことですが、計画が完成する前でも、現場の部隊指揮官は平素から承認されている権限とROE*（交戦規定*）の範囲内で当面の危機対処を行なえることです。

大統領から計画作成を指示された地域統合軍司令官は、作戦の一貫性が保たれるように司令官の意図を示し、統合部隊*指揮官を含む指揮下の部隊に対して計画作成を命じます。

事例：イラク戦争における計画指示

「イラクの自由作戦」では、開戦１年前の2002年３月、ドイツの基地で行なわれた秘密会議で、フランクス中央軍司令官から中央軍に属する司令官たちに戦争準備が明確に指示されたとされています。ちなみに、その約４か月前から極秘に中央軍司令部のレニュアート作戦部長ほか15人の若手佐官（「50ポンドの頭脳」と呼ばれた）によって初期的な検討が始まっていました。

ドイツの基地での秘密会議の席上、フランクス中央軍司令官は「みんな、家の中に強盗がいるぞ（"Fellas, there's a burglar in the house!"）」という特殊作戦の隠語を使って、この戦争は確実に実行に移されることを伝えました。さらにブッシュ大統領自身が立案に加わっていること、「準備90日、空爆45日、地上戦90日」の225日間で戦うこと、７つの作戦系列*（作戦行動を時系列に示したもの）と９つのスライス*について説明しました。

この日以降、主要な司令部は極秘に検討作業を開始し、その結果、さらに部隊を迅速に展開できる見込みが立ち、８月６日にフランクス中央軍司令官は正式に計画指示を部下指揮官に発出しました。

このように初期段階では作業効率と秘密保持の必要性から少人数で作業を進め、構想が固まったところで関係部隊に伝え、一気に全体で作業を加速し計画を完成させるのが一般的です。

指揮官の役割

前項で計画作成の流れを説明しましたが、作戦術*（経験や直感に基づく独創的な発想を活かした作戦構想術）による構想作りは指揮官が中心となって行ない、細部の計画作業は幕僚が取り組むものと考えるかもしれません。しかし現行ドクトリンでは、計画作業であっても重要なポイントについては、指揮官は自ら積極的に関与しなければならないとしています。また、そうでなければ、作戦の実行段階において指揮官がリーダーシップを発揮するのは困難であるともいえます。

一般的に状況が複雑で不確実性が大きければ大きいほど、作戦設計*（作戦構想を具体化するプロセス）の早期の段階における指揮官の役割は重要であり、その知見を発揮して検討の範囲を定めると同時に焦点を絞り、幕僚の作業を効率化させることが期待されます。

指揮官のもう１つの役割は外部との連携です。作戦方針について、初期段階から作戦レベルの指揮官と上位の地域統合軍司令官の認識が一致していることはまれです。その調整能力が指揮官には求められます。

また、大統領や国防大臣から示される戦略指針は計画作業に明確さをもたらすべきものですが、時には政治的レトリックのため、その逆となってしまうおそれもあります。そのような場合は、指揮官は上級司令部とこれらの認識を早期に一致させる必要があります。さらに政府レベルで措置すべき事項であれば、可能な限り早期の協力が得られるよう対応しなければなりません。

事例：イラク戦争における大統領への要望事項

フランクス中央軍司令官は、「イラクの自由作戦」開始の１年４か月前に以下の事項をブッシュ大統領に要望したとされています。いずれも他省庁の協力や新たな予算措置が必要なものでした。

1）関係する省庁の情報活動能力の向上
2）イラクにおける情報作戦*の開始
3）作戦に必要な支援国の獲得
4）サウジアラビアの主センターに依存せずに済む代替航空指揮統制センターのカタールへの設置
5）事前配備された装備品と中央軍司令部の移動
6）先遣陸軍師団の移動
7）先遣海兵隊旅団となる海兵遠征旅団（MEB*）の展開
8）３個目の海軍空母戦闘群の展開
9）戦闘下での捜索救難（CSAR*）と警戒監視情報収集（ISR*）航空機の戦域への配備
10）航空輸送態勢のための輸送機の世界的再配置

2）使命を分析する［JOPPステップ２］

JOPP*ステップ２は「使命*を分析する」です。このステップはJOPPの大半を占めるといってよいほどの作業量と重要性を持っています。

まず、ステップ１として計画作成の指示を受けたら、最初に取り組むのは「作戦アプローチ*」（エンドステート*を達成するために部隊が実施すべき大まかな行動を示すもの）の作成であり、ステップ２の最大の目的です。一貫性のある計画作成作業を円滑に進めるため、指揮官の着想をスケッチのように視覚化して、幕僚や部下指揮官に理解しやすく伝えます。

作戦アプローチの作成にあたっては、初めの段階で不確実性を抱え込まないように次の３点を踏まえる必要があります。

１）戦略指針を理解する（達成すべき戦略目的、軍事目標*は何か？）
２）作戦環境を理解する（問題の定義で考慮すべき環境条件は何か？）
３）問題を定義する（軍事作戦で解決しようとする問題は何か？）
これらを順番に見ていきます。

戦略指針を理解する［JOPPステップ２-①］

ステップ２は、大統領、国防長官、統合参謀本部議長（以下、統参議長）、地域統合軍司令官が示す戦略指針を分析することから始めます。

戦略指針には、「何をもって勝利や成功とするのか（目的*）」が明らかにされ、戦略的エンドステートの達成のための兵力や資源（手段）の割り当てが示されています。

特定の危機に際しては、統参議長の「計画開始命令（PLANORD*）」「警戒命令（ALERTORD*）」「注意命令（WARNORD*）」（付録２）が、情勢、軍事作戦の目的、目標、予想される使命や任務*、関連する制約、割り当て部隊を含む指針を示すことになっています。

事例：イラク戦争における戦略指針

「イラクの自由作戦」に際して、計画・戦略指針としてラムズフェルド国防長官が2001年12月12日に指示した事項は、「政権を転覆させ、サダム・フセインを打倒し、予想される大量破壊兵器の脅威を取り除き、疑惑がもたれているフセインのテロ支援活動を根絶し、近隣諸国、とくにイスラエルへの脅威を消滅させるための軍事作戦を立案する。この際、派遣される部隊の規模を縮小し、準備期間を極力短縮すること」であったとされています。

また「枠」にとらわれずに考えること、徹底して秘密裏に作業を進めることがあわせて指示されました。また、国防長官は、早ければ年が明けた４月か５月には実施できるように準備しようとも話して、フランクス中央軍司令官を驚かせましたが、さすがにそれほど早い開戦とはなりませんでした。

翌2002年８月には、国家安全保障大統領命令（NSPD*：National Security Presidential Directive）が以下のとおり起案されたとされています。これにより軍事行動だけでなく、まずは外交手段を尽くす方針が確認されました。

１）米国の目的（U.S. Goal）：

大量破壊兵器およびその運搬手段と関連する開発計画を破棄させるためにイラクを解放する。イラクの近隣諸国への脅威を除去し、自国民に対する弾圧を阻止し、国際テロとの結びつきを断つ。

２）目標（Objectives）：

米本土、現地米軍、同盟国に対する大量破壊兵器使用の危険性が最小限にとどまるような政策を実行する。

３）戦略（Elements of the strategy）：

外交、軍事、CIA、経済制裁、イラクを解放するため国力を挙げてあらゆる手段を行使する。可能であれば有志連合（コアリション）各国とともに目的と目標を追求するが、必要とあれば単独でも実行する。

なお、ここで用いられている「米国の目的（U.S. Goal）」は、作戦設計の要素のうち、「目的（Ends）」に相当すると思われます。また、「戦略（Elements of the strategy）」は「方法（Ways）」であり、「目標（Objectives）」もその一部に該当すると思われます。このように戦略指針として示された文書の内容はそのままでは作戦計画作業には適用できないことが多いため、正しく作戦計画の用語に再定義することが必須です。

使命（目的＋任務）の確定 [JOPPステップ2-①a]

作戦計画の作成の出発点は「使命」を確定することです。

使命（Mission）は、目的（Purpose）と任務（Task）からなり、とるべき行動とその理由が、「統合部隊は、○○（目的）のため○○（任務）を行なう」のように明確に定義されなければなりません。

この「使命」「目的」「任務」の意味や関係が往々にして混同されることがあるので注意が必要です。

また「使命を確定する」とは、単に指示されたとおりにやればよいというのではありません。前述したイラク戦争でのNSPDに見るように、政治・外交と密接な関係のある「戦略*レベル」から「作戦レベル」へ示された指針だけでは計画を立てられないことがあります。政治的なレトリックや曖昧な表現では作戦計画の土台にならないからです。

作戦計画を作成する指揮官は、最低限、以下の問いに答えられなければなりません。

1）戦略レベルから受領した使命の「目的」は何か？
2）使命を達成するために部隊がなすべき「任務」は何か？
3）部隊の行動に課せられた制限は何か？
4）部隊編成が示されていない場合、必要な部隊や資源は何か？

このように、作戦レベルでは、戦略レベルの指針を分析・解釈し、必要に応じて言葉を補い、あるいは修正して「使命」を確定していきます。

与えられた任務から「必須任務」を決める

使命を確定させる際には、上級司令部から示された計画指針の任務の中に、不明確、不適切な点がないかを確認し、必要に応じて修正、あるいは除外します。その上で、与えられた任務を「明示任務*」と「付随任務*」に分類し、その中から中核的な「必須任務*」を決めます。

明示任務（Specified tasks）とは、統参議長や上級指揮官が注意命令（WARNORD*）、作戦命令（OPORD*）（付録２）、またはほかの計画指針で下位部隊に任務として明示的に与えたものをいいます。一方、付随任務（Implied tasks）とは、明示任務のために達成しなければならない付随的な任務をいいます。

たとえば「ジブラルタル海峡における米軍部隊の航行の自由を確保する」という明示任務が与えられた場合の付随任務は「ジブラルタル海峡の外側50マイルまでの海上優勢を確保する」となるでしょう。

必須任務（Essential Tasks）とは、望ましいエンドステート（作戦におけるすべての軍事目標が達成された状態）を達成するために統合部隊が成功裏に実施すべき任務であり、前述のように、指揮官は明示任務と付随任務の中から必須任務を決定します。

次項の「使命の記述」では、この必須任務が対象となります。

使命の記述（ミッション・ステートメント）［JOPPステップ2-①c］

使命は「5W1H（いつ、どこで、誰が、何を、なぜ、どのように）」の基本をもとに簡潔にまとめます。これを「ミッション・ステートメント*（Mission Statement）」といいます。用語としては一般企業でもよく使われており、文字どおり企業の使命や理念がうたわれているものです。

指揮下の部隊は、この「使命」に基づいてそれぞれの「使命」を導き出すことになります。戦いに際して、自己の使命を確定させて作戦計画を練ることは何よりも重要です。そして、作戦実行段階では、さまざまに状況が変化します。その中で大小の方針を決定しながら作戦を遂行する判断の大もとになるのが「使命」です。

大規模で長期の作戦になればなるほど、「本来の使命は何か」を再確認する場面は多くなります。

地域統合軍の「ミッション・ステートメント」の一例を示すと次のようになります。

「A地域統合軍は、国連安保理決議第○○○○号に基づき、X国が近隣諸国を威圧し大量破壊兵器を拡散させるのを抑止*するため、準備ができ次第、コアリション各国と共同して、把握された大量破壊兵器の製造、貯蔵、運搬手段を破壊するとともに、国境を越えて攻撃するX国軍隊の能力を破壊する」

事例：『ブラックホーク・ダウン』の教訓

2001年のアメリカ映画『ブラックホーク・ダウン』を観た方も多いと思います。1992年、国連PKO*部隊として内戦が続くソマリアに派遣された米軍部隊の話です。

この部隊の当初の任務は人道支援だったのですが、派遣の翌年、パキスタン軍PKO隊員が殺害されたのを受けて、ソマリア民兵組織のアイディード将軍らの拘束が新たに任務に加わりました。その奇襲作戦で米軍のUH-60「ブラックホーク」ヘリが撃墜され、その救出のため「モガディシュの戦い」といわれる泥沼の市街戦にまでエスカレートしました。この戦いで19人の米軍兵士と2機のヘリコプターが失われ、多数の民兵、市民が殺害されました。これをきっかけに、米国はソマリアから撤退することになりました。

この事例のように、当初の使命がなし崩し的に変更・拡大されることを「ミッション・クリープ（Mission creep）」といい、作戦を失敗に導きかねないものとして作戦計画・遂行上の大きな戒めとなっています。

戦争は「終わらせ方」が大事

「使命」を確定させたら、次は終わらせ方です。戦争は始めるより、終わらせる方が何倍も難しいといわれます。

危機が起きるたびにメディアは、武力行使に踏み切る「レッドライン（越えてはならない限界）」について報道します。戦争を始めるだけなら「レッドライン」の議論でよいかも知れませんが、終わらせ方まで考えると「エンドステート」の議論が必要です。

軍事作戦の計画では「使命」に続いて決めなければならないのは、「軍事的エンドステート」と「終結クライテリア（判断基準）」です。

「軍事的エンドステート」を決める［JOPPステップ2-①d］

作戦におけるすべての軍事目標が達成された（最終）状態であり、国家的目標を達成するために、もはや軍事力を必要としない状況を「軍事的エンドステート（Military end state）」といいます。つまり、「何をもって勝利とするか」ということを規定するものです。

軍事的エンドステートを決めるにあたり、戦略レベル（政治・外交）の目的に一致するのは当然ですが、作戦レベルにおいては軍事作戦につきものの諸制約や条件との折り合いを適切に行なうことが極めて重要になります。

事例：フォークランド戦争におけるエンドステート

フォークランド戦争を例にすると、英軍の軍事的エンドステートは、「可能な限り速やかにフォークランド諸島およびその属領からアルゼンチン軍を撤退させ、英国の統治が復活した状態」でした。このエンドステート達成のためには上陸作戦が不可欠であり、その場合、南半球に本格的な冬が到来する６月までに行なう必要がありました。

英国政府としては即時停戦を求める国際世論の高まりのなか、米国などからも調停案を示されるような状況で外交交渉を進めた場合、アルゼンチン軍の速やかな撤退と英国の統治復活を実現することは困難と考えました。その場合、はるかに後退したエンドステートを再設定する必要があると予測されたため、外交交渉を続けるのか、あるいは交渉を打ち切って軍事作戦を優先するのか早急に決める必要に迫られました。

結局、5月20日、国連事務総長の調停が断念されたため、英国戦時内閣は上陸作戦を命令、21日には作戦開始となりました。その後、ポート・スタンレーが陥落、6月14日にアルゼンチン守備隊が降伏し、辛くも当初のエンドステートを達成することができました。

「作戦終結クライテリア」を決める [JOPPステップ2-①e]

軍事的エンドステートとともに考えなければならないのは、作戦終結の要領である「作戦終結クライテリア*（判断基準）」です。軍事作戦をいつ、どのように終結させ、達成した優位な状況をいかに維持するかは、エンドステート達成の鍵といえます。

作戦終結クライテリアの一例を示すと以下のとおりです。

このクライテリアは、国防長官の承認を受けるものですが、統合部隊の幅広い任務の達成、秩序ある戦闘行動の停止、部隊防護、紛争後の民政への移行、部隊の再編、再展開などを含む作戦終結に際しての条件を列挙したものになります。

1）X国国境の安全が確保されている。

2）Y国はもはや周辺国に対して攻撃する脅威を及ぼしていない。

3）X国の国家治安部隊は内乱を制圧する十分な能力を有している。

4）X国軍を支援する兵力を除き、米軍部隊は撤退した。

ちなみに作戦終結に関しては「出口戦略（Exit strategy）」という用語もありますが、これは、軍事作戦の目的が達成された場合、あるいは敗勢や甚大な被害が発生している場合に作戦を終結させ、部隊を撤退させる「方策」のことです。作戦終結クライテリアは「状態・条件」である点において両者は異なります。

さらに「オフランプ（Off-Ramp：高速道路からの降り口）戦略」という用語が使われることもありますが、これは、チキンゲームを上手くかわし、軍事衝突を避ける方策を意味します。

いずれにせよ、過早あるいは明確な条件に基づかない作戦終結は、いったん終息した敵対行動を再開させてしまったり、ほかの勢力の介入を招き、紛争を長引かせたりすることにつながりかねません。統合部隊指揮官には早期の勝利獲得と作戦終結の条件達成のバランスをとることが求められます。

統合ドクトリンのこのような考え方は、イラク戦争において開戦後1か月あまりで有志連合軍は圧倒的な勝利を収め、「戦闘終結宣言」が出されたものの、その後のイラク国内の治安回復が遅れ、占領政策もつまずき、最終的に米軍が撤収して「戦争終結宣言」が出されるのに8年半以上を要したことを反映しているものと考えられます。

事例：太平洋戦争の終結の見通し

軍事作戦をどのように終結させるかという見通しを持つことは、開戦に際しての必須条件ですが、日本の無条件降伏で終わった太平洋戦争の終結の見通しはどうだったのでしょうか？

開戦時の軍令部*作戦部長であった富岡定俊氏は、自著『開戦と終戦　人と機構と計画』で次のように語っています。

「この戦争は、敵に大損害を与えて、勢力の均衡をかちとり、そこで妥協点を見出し、日本が再び起ちうる余力を残したところで講和するというのが、私たちのはじめからの考えであった。だが、そうはいっても、講和の希望に対する裏付けが、とくにあったわけではない。しかし、当時は、欧州でも大戦が進行しており、最高指導者の間ではドイツも非常に勝っていることだし、バランスということもあるので、講和のキッカケはその間に出るだろう、と考えられていた」

ニミッツ米太平洋艦隊司令長官が、「日本との戦争は、海軍大学で繰り返し多くの人員とさまざまな方法でウォーゲーム*が重ねられていた結果、戦争中驚くことは何もなかった。……神風戦術を唯一の例外として、我々が見通していなかったこと以外は何もない」と語っているのとはまるで対照的です。

フォークランド戦争での英国の行動は、スエズ紛争（1956年）の失敗が大きく影響したとされています。同紛争は、エジプトのスエズ運河国有化に対して英仏が介入しましたが、米ソの強い圧力により失敗に終わりました。米国は英ポンドを売り込み暴落させて英国に停戦を迫ったのでした。サッチャー首相は、この経験から次の４つの「教訓」を得たとされています。

1）終結させる自信がない時には軍事作戦を行なってはならない。
2）二度とアメリカを反対側に回してはならない。
3）国際法に則った行動をとらなければならない。
4）躊躇する者は敗北する。

これらのうち、フォークランド戦争に際して、とくにサッチャー首相の念頭にあったのは「終結させる自信がない時には軍事作戦を行なってはならない」ということでした。

3）作戦環境を把握して問題を定義する［JOPPステップ2-②］

作戦環境の把握と作戦上の配慮

戦略指針を理解したら、次は実際の作戦環境を把握します。

作戦環境とは、陸、海、空、宇宙およびサイバー領域を含む作戦ドメイン（領域）において、統合部隊の運用と指揮官の判断に影響を与え得るさまざまな条件のことです。

分析にあたっては、これらの諸条件が、敵、友軍、中立勢力のそれぞれの軍事的エンドステートの達成にいかなる影響を及ぼし得るかを明らかにします。

作戦環境としては以下のものが考えられます。

1）地理、気象、海象、自然環境（地震、火山活動、汚染、風土病）
2）人口動態（人種、部族、イデオロギー、宗教、言語、年齢構成、所得分布、公衆衛生）
3）政治、社会経済（経済システム、政治閥、部族閥）
4）交通、エネルギー、通信インフラ
5）部隊運用に関する制限（交戦規定、国内法、国際法、受入国協定）
6）敵、友軍、全勢力の通常戦、特殊戦、CBRN*（化学、生物、放射能、核）能力と戦略目標
7）毒劇物（TIM：Toxic Industrial Material。大量破壊兵器として使用される可能性のあるもの）の所在
8）意思決定における敵の心理学的特徴
9）外国大使館、政府間組織（IGO*）、非政府組織（NGO*）の所在地
10）友軍および敵対勢力の画像衛星の活用状況
11）軍、個人、組織のサイバー戦に関する能力および意図

これらの中から影響を及ぼしそうにないものは対象から除外しますが、同じ環境条件であっても敵と友軍とでは受ける影響に差があることを考慮して安易に除外しないようにします。また、分析にあたってさまざまなバイアスの影響を受けやすいので注意が必要です（第6章第1節参照）。

作戦環境のうち、とくに作戦に影響のある分野と勢力を特定するためには、PMESII*（ピメシー：Political, Military, Economics, Society, Information and Infrastructure：政治、軍事、経済、社会、情報、インフラ）の枠組みを活用するのが一般的です。

これらの条件の分析に加えて、作戦上配慮すべき文化、宗教その他の要因の有無を確認することも重要です。

事例：イスラム教への配慮

9.11同時多発テロ後に行なわれた「不朽の自由作戦」では、「イスラムとの戦い」ではなく「テロとの戦い」であることを明確にするため、さまざまな配慮がなされました。

たとえば作戦名は当初「Operation Infinite Justice（究極の正義作戦）」が検討されましたが、イスラム法学者から「究極の正義」とは唯一神アッラーのみが与えることができるものとの指摘があり、「Operation enduring freedom（不朽の自由作戦）」となった経緯が知られています。

また、アフガニスタン国内におけるテロリスト根拠地に対する空爆も、イスラム教の安息日である金曜日には実施しないこととされました。また、ラマダン（日中の飲食を絶つ聖なる月）については、以前のアラブ人同士の戦いでも戦闘が継続されたため、空爆は続行することとされましたが、祈りの時間には空爆を減らすべきとの助言を受け作戦計画に反映されました。

解決すべき問題を正しく「定義」する ［JOPPステップ2-③］

「使命」から「軍事的エンドステート」が導かれましたが、このエンドステートのすべてを軍事作戦で実現するわけではありません。軍事作戦の成功の大前提は、作戦によって解決すべき問題を正しく定義することです。軍事作戦における問題の定義づけは、次のような手順で行ないます（図５）。

① 現在の作戦環境と作戦終結時の作戦環境（望ましいエンドステート）を比較します。

② 前項の違いを解消するために、どの分野・要因を変えるべきかを明らかにします。このとき、分野・要因ごとにエンドステート達成に及ぼすインパクトが異なること、相互に因果関係があることに留意して、検討すべき分野を特定します。

③ 特定された分野・要因それぞれのエンドステートを達成するために

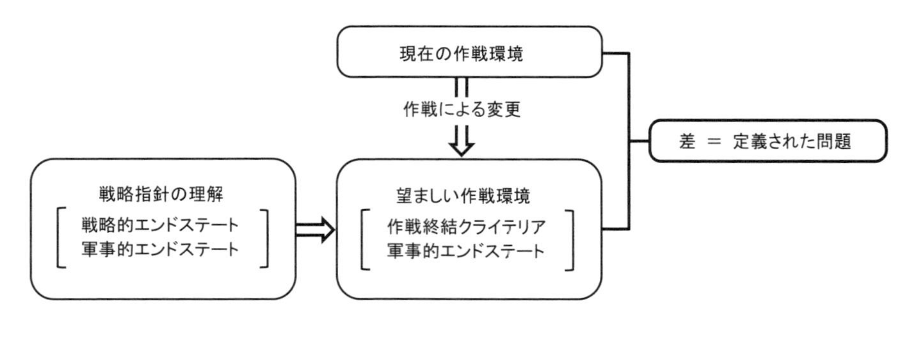

図５ 問題の定義（著者作成）

必要な「効果*（ある行動によって生じる状況や行動の変化）」とそれをもたらす作戦のイメージを明らかにします。

④ この特定された分野・要因における「作戦によって変更されるべき問題」が、作戦計画における「定義された問題」となります。

「定義された問題」は、以下のような点が明確になるよう簡潔な文章としてまとめられます。

１）現在の状況とエンドステートにおける状況との違い

２）作戦環境のうちエンドステートを達成するために変えるべきものと変えるべきでないもの

３）統合部隊指揮官がエンドステート達成のために利用すべき好機および妨げになる脅威

４）上級指揮官から強制*あるいは禁止*されている行動、その他指揮官の行動の自由を制限する外交協定、交戦規定（ROE）、現地の政治・経済状況、受入国支援の状況

事例：北朝鮮の核・ミサイル「問題」

軍事作戦が取りざたされた北朝鮮問題を例にすると、核とミサイル開発の放棄がエンドステートであると仮定するならば、１）は「多数の弾道ミサイルがすでに配備され、核兵器とICBMの戦力化が最終段階

にあること」となり、2）として、現有の核とミサイルを破壊するだけでよいのか、その開発製造施設も含めて破壊するのか、技術者はどうするのか、金正恩体制は存続してよいのかなどを検討して、破壊・無力化すべきものと、そうでないものの区別を作戦環境の評価をもとに行なうことになります。

このような検討作業はすでに米軍内で行なわれているはずであり、「軍事作戦によって変えるべき問題」＝「定義された問題」となりますから、その検討結果はそのまま軍事作戦の大枠を左右することになります。

4）目標系列を確認して使命達成クライテリアを設定

「作戦目標」を定め「目標系列」を確認する［JOPPステップ2-④a］

軍事作戦における「目標」とは、「すべての軍事行動が指向されるべき明確に定義された達成可能な目標」のことです。この「目標」は、下位の戦術*レベルから上位の作戦・戦略レベルに至るまで整合するように設定されます。一例を挙げれば下記のようになります。

1）戦術レベル：　　必要な地点を確保することにより
2）作戦レベル：　　連絡線を維持し
3）戦域戦略レベル：有志連合国軍の力を活用できるようにし
4）国家戦略レベル：国際社会の中で有志連合の結束を維持強化する

この「目標」を達成に導くものは、作戦を実施した結果として得られる「効果」であり、その「効果」をもたらすための作戦行動の内容は各部隊に「任務」として割り当てられています。

たとえば作戦レベルの統合部隊指揮官は、敵の無力化（任務）により必要な地点を確保し（効果）、連絡線を維持する（目標）という具合です。これを受けて、一段下の戦術レベルの指揮官（例：航空構成部隊指揮官）は、空爆により敵部隊を無力化し、必要な地点を確保することになります。

このように設定された一連の各レベルの目標を「目標系列*」といいます。図6は、エンドステート、目標、効果、任務の関係を示したものです。戦域戦略および作戦レベルの任務は、それぞれの目標達成のための効果から導かれる一方、戦術レベルの任務は、使命達成のための目標から直接に導かれています。

戦術レベルにおける目標（敵の無力化）を達成するための効果は、強いていえば（空爆による）敵の破壊であり、そのための任務が空爆ということもできます。しかし、作戦現場で目標に直接対峙する戦術レベルにおいては、空爆と敵の破壊は同じことなので、任務を導くために効果を論じる必要はないといえます。

軍事作戦では、戦略、作戦、戦術のレベルごとに関係する部隊により作戦計画が立案されますが、このような「目標系列」の考え方によって方向性が統一され、一貫性のある作戦が計画されることになります。

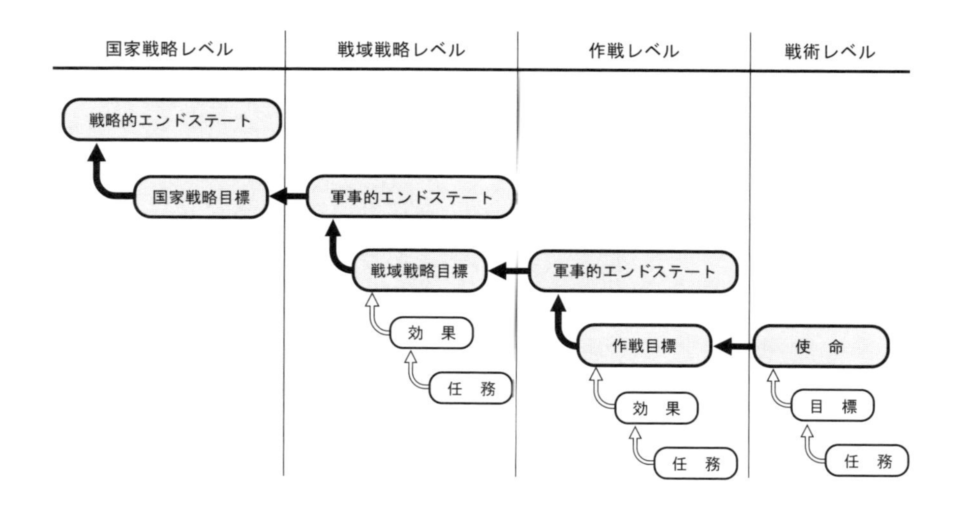

図6 目標系列：エンドステート・目標・効果・任務の関係（JP 5-0, Fig Ⅳ-8 “End State, Objectives, Effects, Tasks”にもとづき著者作成）

事例：日本海軍における「目標系列」の失敗

日本海軍では、この「目標系列」という考え方がどうだったのか、ミッドウェー海戦とレイテ海戦を例に見てみましょう。

前述したように日本海軍の戦略と戦術の考え方は、視界の届く範囲を戦術、届かない範囲を戦略と区分した程度で、現在の我々から見ると大きな欠陥がありました（16ページ参照）。そこで便宜的に軍令部（天皇に直属し海軍全体の作戦を統括）を戦略レベル、連合艦隊*司令部を作戦レベル、作戦現場にあった艦隊司令部を戦術レベルと見立てて、検討してみたいと思います。

まず、ミッドウェー海戦（1942年）です。これは太平洋戦争開戦後半年あまりで、虎の子の航空母艦4隻と熟練パイロットを失うという大敗北を喫し、その後の戦況を方向づけた運命の海戦でした。

このとき連合艦隊の目標は、①日本本土空襲の脅威を排除するためのミッドウェー島の占領確保、②西太平洋の制海権確保のための敵機動部隊の捕捉撃滅、③北方からの敵の脅威を排除し、かつ前2項の作戦の牽制のためのアリューシャン群島の攻撃の３つでしたが、「目標系列」の観点からは大きな問題があったといわざるを得ません。

ミッドウェー海戦は、目標の①と②を強く推す連合艦隊（作戦レベル）に対し、作戦の大方針を決める軍令部（戦略レベル）が、山本五十六連合艦隊司令長官の声望と自信に押し切られたものでした。その後、軍令部が③を要望して連合艦隊が合意したものです。

さらに①と②の優先順位についても、軍令部は①、連合艦隊は②、連合艦隊指揮下の艦隊司令部（戦術レベル）の参謀長らは軍令部で説明を受けたため①が優先されると考えました。この結果、兵力の分散と目標系列の混乱を招き、敗因の一部となったわけです。

このような目標設定のまずさは、「目標の原則」「集中の原則」（付録３）に反していることは明らかで、当時の指揮官、幕僚も当然認識していたはずです。ところが、緒戦の勝利から、「慢心」（第６章第２節）が生まれ、「２つでも３つでも同時に達成できそう」と考えたと思われます。こういうときこそ、「目標は単一であるべき」という冷静な判断が必要だったと思います。

次にレイテ海戦（1944年）の事例を見てみましょう。これは、連合軍がフィリピン奪還のためレイテ湾に侵攻させた船団に対して、日本海軍が攻撃し奪還を阻止しようとした作戦でした。

日本海軍は3つの囮（おとり）艦隊により連合軍の機動部隊を牽制・誘引した隙に、栗田艦隊をレイテ湾に突入させ、輸送船団を攻撃する構想でした。実際に囮艦隊は多大の被害を受けながらも敵機動部隊の誘引に成功したのですが、栗田艦隊はレイテ湾突入の直前で「謎の反転」をして失敗に終わった作戦です。

実は、戦術レベルにあった栗田艦隊は、目標をレイテ湾の輸送船群に置くべきか洋上の機動部隊に置くべきか迷っていました。栗田艦隊は、進出途上の交戦により作戦がかなり遅れていたことから、連合軍の上陸作戦はすでに終了し、レイテ湾内には輸送船はいないであろうという推測をしていました。このタイミングで敵機動艦隊が出現したとの誤った情報を得て、レイテ湾までわずか40マイルに迫りながら目標を変更、反転したわけです。この「謎の反転」については、心身の極度の疲労で「魔が差した」という説や、輸送船などとは心中したくない、「同じ死ぬなら艦隊決戦で」という強い思いがあったという説があります。

目標の選定という側面でみると、作戦前に栗田艦隊の幕僚が連合艦隊の幕僚に対して、「バナナの叩き売りをするつもりか」と作戦の可能性に強い疑問を投げかけています。また、栗田艦隊側から、「命令どおり輸送船団を目指して突進するが、万一途中で敵主力部隊と対立し、二者いずれかを選ぶべきやという場合、輸送船団を捨てて、敵主力の撃滅に専念しますが、差し支えありませんか」と問い、連合艦隊側から「差し支えない」との答えを得たことが知られています。これでは、作戦レベルと戦術レベルの「目標系列」がはじめからあいまいで、作戦の成功はおぼつかなかったといわざるを得ません。

「あいまいで統一されていない目標選定は、戦敗への確実な道」というのはわかりきっていることですが、実戦においては、敵はつねに我々に目標選定を誤らせようと行動するのですから、よほど注意しなければならないということになります。

コラム❷ 目標の堅持と柔軟性について

目標の統一に加えてもう1つ重要なのは「目標の堅持と柔軟性の兼ね合い」ということです。これは軍事だけでなく一般社会でもいえることだと思います。

目標の正しい選定とそれを堅持することは、作戦において最も重要な要素の1つです。指揮官が目標をいったん決定したならば、みだりに変更してはなりませんが、固執することがあってもなりません。この兼ね合いの難しさはつねに指揮官を悩ませます。

このようなときに発揮されなければならない「柔軟性」ですが、これは、あくまでも選定された目標を堅持し、または上級指揮官の意図に合致するよう、任務の達成に向けた努力を尽くすなかで、情勢が変化し目標を堅持することが上級指揮官の意図にもそぐわない場合に目標を変換することです。いやしくも、柔軟性に名を借り、易きにつくようなことがあってはならないとされています。

使命達成クライテリアを設定する [JOPPステップ2-④b]

「目標系列」が定まったら、次は、その達成度合いを判断するための「使命達成クライテリア*」を決めます。

「使命達成クライテリア（Mission success criteria）」とは、使命を達成したと認める基準であり、国防長官が定めた「作戦終結クライテリア」の各状態、条件それぞれに基づいて具体的に設定されるものです。

使命が単純な場合、「クライテリア」と「使命」は直接的に関連する場合があります。たとえば「X国在住の自国民の安全確保のため大使館からY国へ避難させる」という使命の場合、クライテリアは「全自国民が無事避難したか」と「交戦規定（ROE）に対する違反はなかったか」の２つとなるでしょう。

しかし、大規模で複雑な作戦では、各フェーズ*、構成される多くの任務ごとに「正しい行動をとっているか」を評価するMOE*と「その行動は効果をあげているか」を示すMOP*の評価がそれぞれ必要になります。この作戦評価については後述します（第３章第６節）。

事例：ベトナム戦争の反省

ベトナム戦争当時の「使命達成クライテリア」の１つは、米兵の人的損耗に対する北ベトナム人の損耗の比率であり、その比率が高ければ戦いは優勢であると評価するというのが、マクナマラ国防長官らの判断でした。

イラク戦争開戦前、ベトナム戦争を振り返りペース統参副議長（海兵隊大将）は「目的はX人の人間を殺すことではなく、政権転覆だった。１人も殺さず達成できれば勝ちだ。1000人を殺しても政権転覆できなければ負けだ。だから数の問題ではない」、また「『何人殺した？』と質問する指揮官がいたなら、『私の本分は街の奪取ではなく、人を殺すことにある』という意図を伝えたことになりかねない。これも正しい答えではない」と語ったそうです。

このようなベトナム戦争での前例もあり、「イラクの自由作戦」では開戦前に戦死者数を見積るのはタブー視されていました（実際にはフランクス司令官はブッシュ大統領には見積りを報告しました）。いずれにせよ、クライテリアは作戦の目的に適合させて慎重に設定すべきものであり、使命達成クライテリアと密接に関係する作戦評価とその準備のあり方については後述します。

前述したマクナマラ国防長官らの発言のように、今から考えると信じられないことが、ベトナム戦争当時は大まじめに議論されていました。しかし、このような「わかりやすい数字や事象」が政治やメディアの世界で独り歩きし、軍事作戦に影響を与える危険性があることに留意しなければなりません。

5）重心を特定し戦い方を決める

「重心」を特定する ［JOPPステップ2-②d］

「重心*（COG：Center of Gravity）」という軍事用語は、政治外交問題などを論ずる際にも使われますが、本来の意味を正しく理解しておくと便利です。

「重心」とは、軍事作戦における重要な概念の１つです。クラウゼヴィッツ（プロイセン王国の軍人で『戦争論』の著者、1780～1831年）は、「重心とはすべての力と行動が依存する中心であり、我々がすべてのエネルギーを指向すべき点」と述べています。

前述したように「目標」とは「すべての軍事行動が指向されるべき明確に定義された達成可能な目標」ということです。正しく目標を選定するためには、敵および友軍の「重心」を特定する必要があります。では「重心」とは具体的にどういうものでしょうか？　その主な特徴をあげると次のようになります。

１）力の源泉である。

２）戦略、作戦、戦術それぞれのレベルに存在する。

３）戦略レベルでは同盟、指導者、国家意思など無形の要素を多く含む。

４）作戦、戦術レベルでは、軍事力など物理的なものが多い。

５）行動の自由を確保あるいは強化するものである。

６）時間の経過や作戦フェーズにより変遷する可能性がある。

７）破壊、弱体化すれば敵の行動を変更させたり、目標達成を放棄させたりできる。

これらの特徴から「重心」を探る方法を簡単に説明します。まず敵に関して、政治（Politics）、軍事（Military）、経済（Economy）、社会（Society）、情報（Information）、インフラ（Infrastructure）の分野（PMESII）ごとの重要な勢力や要素を選び出し、その相関関係（強弱、従属関係など）を明らかにします。

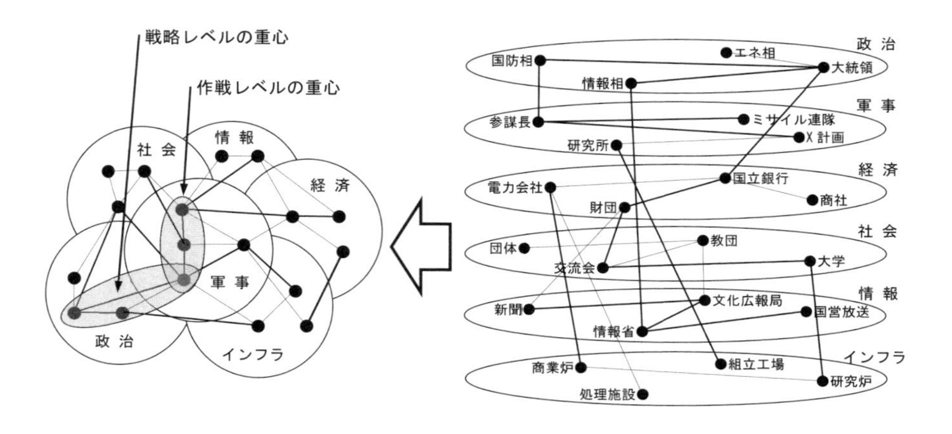

図7 PMESII分析による重心の分析イメージ（Planner's Handbook for Operational Design, Fig Ⅳ-4 "Identifying Centers of Gravity"およびJP 2-0, Fig Ⅳ-8 "Systems-Oriented Event Template" にもとづき著者作成）

分野ごとの分析が終わったら相関関係を図示し、各分野にまたがる勢力や関連性の高い部分がなるべく上下で重なるように合わせます。すると分野をまたいで多くの勢力間の相関関係の中心に位置するもの、ほかへの影響力が大きいものが浮かび上がってきます。

こうして浮上した（複数の）重心の候補について、さらに戦略目標、作戦目標に関係する部分に着目して分析することで、戦略レベル、作戦レベルの「重心」を明らかにすることができます（図７）。

このPMESII分析のもう１つの利点は、分析結果を外交、経済などの担当部局と共有することで、互いの活動の調整が容易になり、作戦・戦略両レベルで緊密に連携できるようになることです。

事例：「イラクの自由作戦」における重心分析

「イラクの自由作戦」に際して、フランクス中央軍司令官は、ブッシュ大統領に対して、PMESIIに相当する以下の9つの分野（スライス）ごとに重心を分析し、それぞれに一連の作戦で対処する構想を報告しました。

1）指導層、とくにフセイン側近グループと2人の息子
2）治安当局、情報機関、特殊保安庁警護隊、指揮統制通信ネットワーク
3）大量破壊兵器関連施設
4）ミサイル関連施設
5）バグダッド警備にあたる共和国防衛隊
6）北部クルド人居住地域など考慮すべきイラク領内の地域
7）イラク正規軍
8）イラクの商業・経済インフラ
9）イラク一般市民

重心の防護と攻撃 ［JOPPステップ2-④c］

重心を特定したら、次は以下のような観点から友軍の重心を防護しつつ敵の重心を攻撃する方法を検討します。

1）防護、攻撃のための必須能力*は何か？
2）その能力を発揮するための必須要件*は何か？
3）必須要件のうち、決定的脆弱性*は何か？

統合部隊指揮官は、このような分析に基づき、敵から友軍の脆弱性を防護しつつ、敵のなるべく多くの脆弱な分野に乗ずるべく兵力を指向する機会を積極的に追求することになります。図8に一例を示します。

この検討例では、敵の重心である機甲軍団の決定的脆弱性がレーダーネットワークとされているので、これを攻撃目標に選びます。また、友

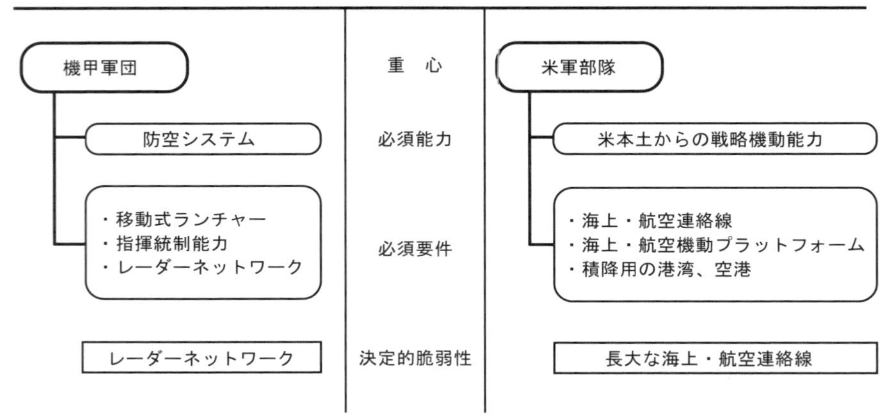

図８ 重心に対する防護と撃破の検討例 (JP 5-0〔旧版〕, Fig Ⅲ-12 "Center of Gravity Analysis Example")

軍においては戦域が米国本土から遠距離にあるため、重心である米軍部隊を戦域へ展開させるための海上・航空交通路が決定的脆弱性となっています。したがって、この連絡線の確保と防護を可能とする手段が優先的にとられることになります。

事例：湾岸戦争における重心の防護

湾岸戦争（1991年）においては、米中央軍司令官は追加戦力と連絡線などを提供する有志連合そのものが友軍の重心であるとして、それらの国々に対して戦域ミサイル防衛システムの展開を含む防護対策を優先的にとりました。作戦の基本的な概念を押さえておくと、このような軍事的な動きも理解しやすくなります。

また、2017年には核実験と弾道ミサイル発射で挑発を繰り返す北朝鮮に対して、米国は、中国の抗議や韓国国内の根強い反対を押し切って抑止段階からTHAAD*（サード：終末高高度防衛ミサイル）を韓国に配備しました。これも湾岸戦争当時と同様に米韓同盟が重心であり、その脆弱性を防護するための措置であったと考えることができます。この措置により北朝鮮の「ソウルを人質に取っている」との認識を動揺させ、弱めることに貢献したと考えられます。

重心との戦い方 ［JOPPステップ2-④c］

重心に関する分析ができたら、次に敵の重心との戦い方を考えます。

その戦い方には、基本的に「直接アプローチ*（Direct Approach）」と「間接アプローチ*（Indirect Approach）」の２つがあり、状況に応じてどちらかを選択します。

「直接アプローチ」は、敵の重心に対して戦闘力を直接指向する戦い方です。作戦としてはシンプルで、勝利への最短距離となりますが、十分に防護されていることの多い敵の主力への直接攻撃ですから失敗の危険も大きくなります。指揮官は友軍が受容可能なリスクで攻撃できる戦闘力を持っているか、慎重に見定めなければなりません。

もし直接攻撃が合理的でないと判断したら、指揮官は、直接攻撃が成功裏に実施できる条件が整うまで、敵の脆弱性に対して戦力を指向する「間接アプローチ」を追求することになります。敵の強点（本書では「弱点」の対義語として「強点」と表記）を避けつつ、順次、敵の脆弱性を叩き、決勝点*（後述）に戦闘力を指向していくことで敵の重心を撃破します（図９）。

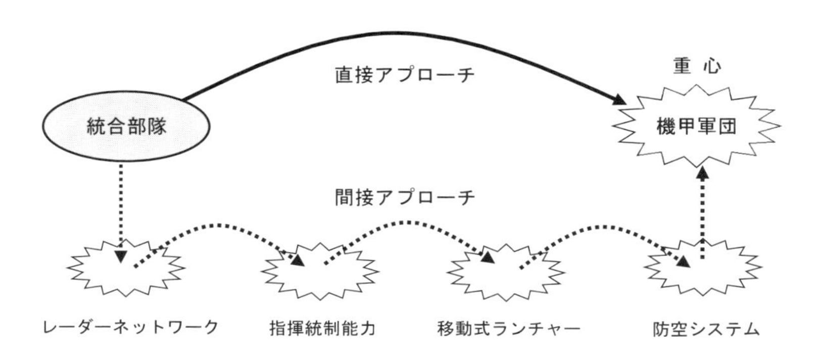

図９ 直接アプローチと間接アプローチ (JP 5-0, FigⅣ-13 “Direct and Indirect Approach”にもとづき著者作成)

戦略、作戦各レベルでの間接アプローチ ［JOPPステップ2-④c］

現行の統合ドクトリンでは、大きな被害が出る可能性のある直接アプローチよりも間接アプローチを中心に考えているといってよいと思います。では、戦いの階層*ごとにどのように間接的なアプローチをとるのでしょうか？

まず戦術レベルにおいては、重心分析の例（図8）に示したように機甲軍団を直接攻撃するのではなく、敵の戦闘力を構成する要素に逐次攻撃を加えます。この場合、レーダーネットワークから順に攻撃していくことになります。

敵の重心に対して、その決定的脆弱性を通じて攻撃する間接アプローチは、必然的に敵の機動能力の作戦リーチ*（後述）を減少させ、指揮統制能力を弱体化させ、防空など重要な防護機能を破壊あるいは制圧することになります。

次に作戦レベルで敵の重心を撃破するために最もよく行なわれる間接アプローチには、戦域内の敵の兵力を分断するように攻撃を加える、敵の予備兵力や作戦基盤を破壊する、敵の主要部隊あるいは増強兵力の作戦地域への展開を妨げるなどがあります。

戦略レベルにおける敵の重心を撃破する間接アプローチとしては、敵の同盟国や有志連合の一体性を破壊し戦力を弱体化させる、経済制裁を課し作戦資材の準備などを制限する、世論戦などにより国民の厭戦感をあおり国家としての戦意をくじくなどが考えられます。

こうした各レベルにおける一貫性のあるアプローチを同期*させることで、戦闘における勝利を目指すのが「間接アプローチ」のポイントです。

事例：刺すべき心臓のない国

「重心」との戦いに関して、参考となる戦史はたくさんありますが、ここでは敵に「重心」を掴ませなかった事例として、日中戦争を森本忠夫著『魔性の歴史』から紹介します。

「一戦一戦で日本軍は確かに勝利を収めてはいた。だが、その勝利といえるものも、広大な中国の膨大な人民の大海の中での僅かに点と線の確保をもたらしたに過ぎない程度のいわばミクロの戦闘における勝利だった。確かに中国の軍隊は、いたるところで蜘蛛の子を散らすように敗走していた。（中略）が、よく考えてみると、中国軍の度重なる敗走にもかかわらず、肝心の国民党政権はいっこうに手を上げる気配を見せないばかりか、むしろ日本軍に空間を与えては彼等自身時を稼ぐという、まるで日本軍に対して蟻地獄ともいうべき消耗戦を強いていたのだ。（中略）この頃になって初めて、日本人は、かつて誰かが指摘した中国と中国人についての、ある不気味な事実に気付き始めていた。『何処の国でも、人間と同じく、心臓は一つです。ところが中国には心臓は無数にあります』という、一九二七年三月、南京事件を契機に発言したあの“軟弱外交”の張本人幣原喜重郎の言葉を。（中略）考えてみれば身の毛もよだつ、それは恐るべき事実だった」

つまり、日本軍が勝利したのは、主に戦術レベルからせいぜい作戦レベルの目標に対してであり、「無数にある」とされた「心臓＝重心」との戦いに見通しが立たなければ、それは勝算のない戦いだったといわざるを得ないのです。

6）暫定的な決勝点と作戦系列を決める

暫定的な決勝点を決める［JOPPステップ2-④d/⑤c］

重心との戦い方を決めたら、作戦環境を考慮に入れつつ敵に対して順次優位を獲得し、最終的に使命の達成につながる一連の場面を描き出します。このような場面を「決勝点（Decisive point）」といい、重要な地点の確保や重要な事象を含むもので、次のようなものが考えられます。

１）地理的地点：シーレーン上のチョークポイント、高地、市街地、情報・通信の結節点、大量破壊兵器関連施設、航空基地、指揮所、重要な境界線・空域など

２）重要な事象：航空・海上優勢の獲得、上陸地点の確保、人道支援活動における補給路開設、現地指導者の信頼獲得など

通常、作戦地域内には、運用可能な兵力で対処できる以上の決勝点が存在します。そこで計画する際には、決勝点の優先順位を決め、兵力を指向すべき決勝点を絞り込むことになります。その選定の基準としては次のようなものが考えられます。

１）どの決勝点が敵の重心を攻撃する最良の機会をもたらすか？（重心に関する必須能力、必須要件、決定的脆弱性の分析法を活用）

２）どの決勝点が友軍の行動の自由をもたらし能力を発揮しうるか？

３）どの決勝点が友軍の作戦リーチ*（後述）を拡張するか？

４）決勝点の情報、政治、経済、社会生活などへの影響度はどうか？

なお、作戦アプローチを完成させる段階（ステップ2-⑤c）（第３章第３節）になると、後述するフェーズ*区分や分岐策*、事後策*などの組み込みが終わっていますから、作戦全体の流れを確実にイメージできます。分岐策などで枝分かれした先も視覚化でき、より明確に決勝点を決めることができます。

決勝点をつないで作戦系列を決める［JOPPステップ2-④e/⑤d］

決勝点が明らかになれば、それらをつなげることで作戦の流れがイメ

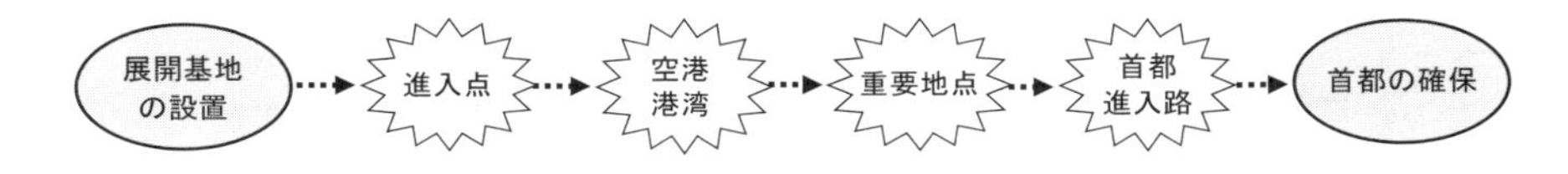

図10 作戦系列の例（JP 5-0, FigⅣ-11 "Sample Line of Operation"）

ージできるようになります。これを「作戦系列*（LOO*：Line of Operation）」といい、目標達成に至る大きな作戦の流れの中に決勝点やその他の結節点が示されます。

一例として、展開基地の設置から敵国の首都確保に至る作戦系列を示すと図10のようになります。作戦目標である首都確保に至る５つの作戦行動はそれぞれが決勝点になっています。

大規模な作戦では、作戦空間や機能作戦ごとの複数の作戦系列を用いて計画されることも多く、各構成部隊の指揮官は、エンドステート達成のため、それぞれの担当する作戦行動を全体の作戦系列に沿って同期させることになります。

非軍事活動系列を決める［JOPPステップ2-④e/⑤d］

戦闘行動をともなう作戦系列に対して、非軍事的な民政支援は「非軍事活動系列*（LOE*：Line of Effort）」と呼ばれています。

これは、軍事力が治安、司法、経済、社会基盤などの民政支援をする際に用いられるもので、これにより統一指揮が困難な多国籍部隊や民間組織の活動に一貫性を持たせることができます。

図11はこの非軍事活動系列の一例を示したものです。

作戦系列と非軍事活動系列の同期化［JOPPステップ2-④e/⑤d］

軍事面と非軍事面が複合的に関係する統合作戦では、市民生活に不可欠なインフラの整備をしないと住民の協力が得にくく、軍事作戦の遂行に支障が生じかねません。

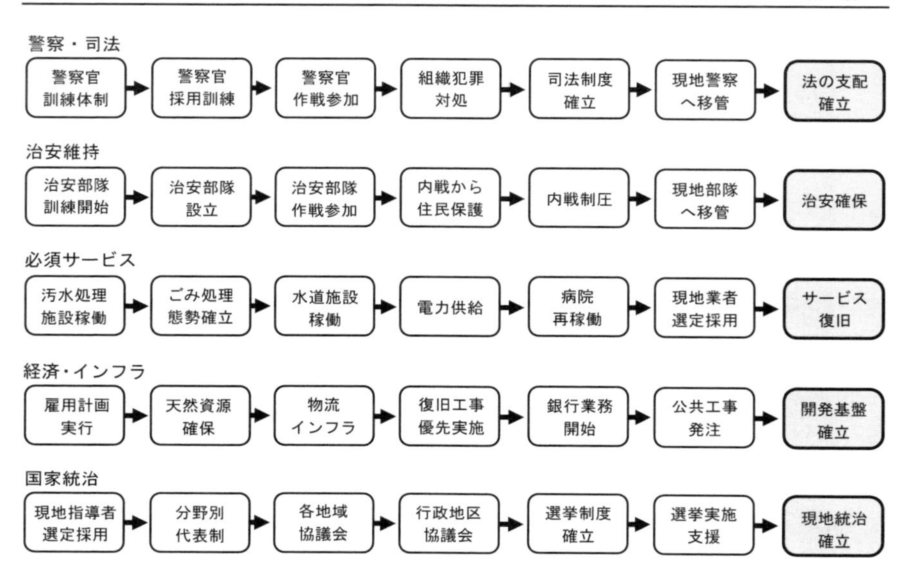

図11 分野別非軍事活動系列の例（JP5-0, Fig Ⅳ-12 “Sample Lines of Effort”にもとづき著者作成）

このためには作戦系列と非軍事活動系列を計画段階から同期化させる必要があります。しかし、イラクの戦後復興を見ればわかるように、作戦や非軍事活動の進捗は分野ごとにまちまちで、必ずしも図11のように進みませんでした。米軍は、このような困難な経験をもとにしながら、現行ドクトリンを作り上げてきたといえます。

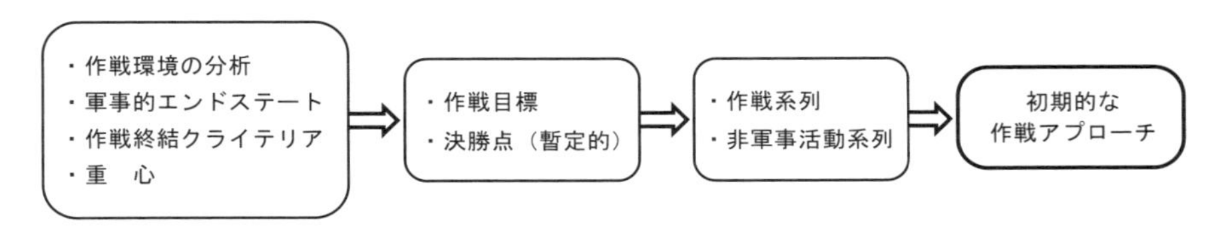

図12 初期的な作戦アプローチの導出（著者作成）

初期的な作戦アプローチとしてまとめる［JOPPステップ2-④］

「作戦アプローチ」とは、エンドステートを達成するために実施される部隊の大まかな行動をいいます。

ここまでの検討で暫定的な決勝点にもとづく作戦系列が明らかになっていますので、個々の作戦行動を担当する部隊をあてはめれば、初期的な「作戦アプローチ」の大枠は完成することになります。これに加えてこれまで分析してきた「作戦環境」「作戦終結クライテリア」「重心」「決勝点」などを再確認し、予定される部隊編成を踏まえて初期的な作戦アプローチをまとめます（図12）。

初期的な「作戦アプローチ」が形になるにつれて、新たな課題も見えてきますので以後のステップで解決を図ります。検討が深化するにともない、実際に作戦が発動された場合の事態の推移も明らかになりますので、指揮官は作戦開始時に部隊に示す初期的な部隊運用に関する意図もあわせて得られることになります。

第２章のまとめ

JOPPの基盤となるのが「使命の分析」であり、その前半では、初期的な「作戦アプローチ」を導き出します。これは、戦略的な指針を正確に理解して、作戦環境を分析し、対処すべき問題を定義するところから始まります。作戦目標を明らかにし、敵との戦い方の基本を定め、使命達成の道筋を定める分析的・論理的プロセスです。作戦計画の出発点において不確実性を排除する段階ともいえます。

この作業（第３章を含む）は、少人数からなる計画グループで行なわれるため集団思考（第６章）などの弊害に警戒する必要があります。

第3章
作戦アプローチを完成させる

この章では、導かれた初期的な「作戦アプローチ*」に対して、空間や時間的要素のアレンジを加え、「分岐策*」などを組み込み、フェーズ*に区分して「作戦アプローチ」を完成させ、視覚化します。

あわせて明らかになったリスクとその対策、計画作業を進めるうえで必要な仮定*や制約、作戦評価や情報収集の準備を進めます。

JOPP*の前半の作業のまとめとして、計画チームが行なった検討結果を部隊全体にブリーフィングして、以後の計画作業の指針を示します。

1）初期的な作戦アプローチをもとに、部隊の機動力や継戦能力（作戦リーチ*、作戦限界点*）、空間の活用（縦深性）、時間軸の検討（同時性*、タイミング*、テンポ*）を加味して作戦をアレンジします。

2）作戦*の流れの中に分岐策、事後策*、決心点*、作戦休止*を組み込んで全体をフェーズに区分します。通常の作戦アプローチはこれで完成です。

3）完成した作戦アプローチを図表により視覚化します。

4）計画プロセスを通じて明らかになった使命*の達成を阻害するおそれのあるリスクを評価し、回避策、軽減策をとります。

5）作戦計画を作成するための仮定や制約を明らかにします。

6）作戦評価や情報収集の準備をします。

7）計画チームが進めてきた検討結果を部隊に広くブリーフィングし、部隊全体で行なう計画作業に移行するために包括的な指針を示します。

1）作戦をアレンジする［JOPPステップ2－⑤a］

決勝点の予測

初期的な作戦アプローチ*により部隊のおおまかな動きが導かれたら、それを土台にして、空間および時間的要素を活用するために、以下の要素を加味して作戦*をアレンジします。

１）作戦リーチ*、作戦限界点*、作戦区域*、縦深性の活用

２）同時性*、タイミング*とテンポ*

３）フェーズ*、分岐策*、事後策*、決心点*、作戦休止*

はじめに、初期的な作戦アプローチで明らかになった作戦の流れを事態予測*（Anticipation）してさらに具体的に表現します。

事態予測とは、初期のアプローチに沿って、生起し得る事態を詳細に検討し、決勝点*などでの作戦の様相を具体的に見積ることです。決勝点の様相を予測するのですから、これは効果的な計画作業の「鍵」となります。この予測に基づいて、事態ごとの対応作戦のオプション（分岐策）や、その作戦の結果を受けた事後策を明らかにすることができます。

次に、予定される部隊編成（戦略指針で示されます）などを念頭に置きつつ、部隊の機動力や継戦能力を示す「作戦リーチ」と「作戦限界点」を見積り、補給の限界、作戦の限界を明らかにします。

これを基に、想定される作戦地域や時期を友軍にとって最も有利となるように設定します。空間については「縦深性」の活用、時間については「同時性」「タイミング」「テンポ」に関する検討を進めます。

その作業に並行して作戦全体の「フェーズ」の区分、「分岐策」「事後策」が必要になるポイント、「作戦休止」を挟み込む必要性、初期部隊の割り当てなどを検討して全体の構成を循環的に調整しながら徐々に完成を目指します。

作戦リーチ（空間と時間の活用）［JOPPステップ２-⑤a］

作戦は「時間」と「空間」を活用する「術」といわれます。「空間」は一度失っても、作戦次第で取り戻せますが、「時間」は取り戻せない重要な要素です。後述するように「時間」にも縦深性の考え方がありますが、これは主に戦略*レベルの話です。

作戦を構想するにあたり、与えられた時間枠を念頭に、まず空間の活用に関する検討から入ります。次いで時間軸の上に当てはめるのが一般的な方法です。

まず、予定される作戦区域で、友軍の部隊がその空間と時間をどのくらい活用できるか、その能力を把握しなければなりません。そのために「作戦リーチ」（Operational reach：統合部隊*が軍事力を正常に運用できる距離と期間の限界）という考え方を用います。

作戦リーチは、部隊が燃料などの再補給なしで、作戦区域となる場所まで進出して現場で何日間くらい活動できるか、そして携行するミサイル、弾薬などが予想される敵の攻撃にどこまで対処できるかを見積ります。この見積りを前提に、敵の脅威がどの程度か、また作戦が高速力を用いるのか低速力でもよいのかなどを「事態予測」で明らかにします。

この結果、想定される事態に対処できれば問題ありませんが、不足する場合には何らかの措置を講じることになります。

考えられる措置として、兵力の前方展開、作戦資材の事前集積、兵器の威力や射程の増大、同盟国や有志連合からの支援、契約に基づく業者による役務調達などがあります。

基地機能の展開［JOPPステップ２-⑤a］

作戦区域の近くに前進基地を確保することを「基地機能の展開」といいます。これにより基地と作戦区域の距離が短くなり、爆撃機などの出撃（Sortie：ソーティー）頻度や再補給頻度を大幅に向上させることができます。

米国の基地機能の展開手段には、国外における恒久的な基地の確保や危機発生時の一時的な空母機動部隊の派遣などがあります。とくに国外での基地確保は政治的、外交的配慮がその決定に大きく影響を及ぼすため、作戦計画上の「仮定*」となる場合があります。不確定要素が大きい場合には当初の計画からは除外するのが妥当です。

基本的に基地機能の展開は、敵を作戦リーチ内にとらえる場所が選ばれるので、敵の威力圏に近づくことになります。さらに潜在的な敵は、A2/AD（近接拒否／領域拒否）戦略*をとって兵力の展開を妨害・攻撃する可能性が考えられます。このため、関係国の外交的支援があるか、展開部隊への支援国による作戦上および後方支援上の支援が得られるか、敵の攻撃に対する一定の安全が確保できるかなどを見極める必要があります。

事例　フォークランド戦争での英軍の「作戦リーチ」

フォークランド戦争を例にとると、英本土から7000マイル（1万3000km）の距離にあるフォークランド諸島の奪還作戦は、後方支援の面から困難と思われ、前進基地の確保が必須条件でした。

英国は前進基地を確保するため外交努力を尽くしましたが、実現しませんでした。チリはアルゼンチンとの敵対的な関係から対英支援を承諾しましたが、太平洋側の諸港は大西洋の作戦には役立ちませんでした。その他の諸国は、人道的見地から死傷者の救護には港を開く用意があることを表明したものの、実質的な援助や支援は拒否しました。

フリータウン（シェラレオネ）では長期の商業契約が結ばれていたため、英海軍の艦艇は燃料を積載できましたが、それ以南のアフリカ諸国は英国を支持せず、英海軍が建設したサイモンズタウン（南アフリカ）の軍港さえ使用できませんでした。

使用できたのは英本土とフォークランドのほぼ中間にある自国領のアセンション島だけで、人員、物資の中継基地として大きな役割を果たしました。アセンション島には飛行場と艦艇係留施設があり、これなしには後方支援は成り立ちませんでした。英軍はこの前進基地と空母部隊の組み合せでアルゼンチン軍を作戦リーチ内にとらえることができました。

これに対し、アルゼンチン軍は、英軍に比べて圧倒的に本土に近いという「地の利」がありながら、英軍の前進基地であるアセンション島を作戦リーチ内にとらえることができなかったため、一度は奪還した「マルビナス諸島」の防衛に失敗しました。

これは、当初機能していた空輸によるアルゼンチン本土から島への再補給ルートが、英空軍の数次にわたる爆撃で妨害されたことが一因です。「ブラック・バック作戦（Operation Black Buck）」と呼ばれるこの作戦は、バルカン爆撃機とヴィクター給油機の組み合せで、アセンション島から約6000km離れた東フォークランド島のポート・スタンレー飛行場を爆撃するもので、往復で8回もの空中給油を実施して行なわれ、当時としては最長飛行距離ともいえる航空作戦でした。これにより英軍の上陸部隊と対峙する頃にはアルゼンチン軍は食糧補給もできない状況に追い込まれていました。

アセンション島を前進基地として使用できた以外に、作戦資材についても、NATOの有事計画に基づく30日分の英国内の戦時備蓄を流用することで急場をしのぐことができました。さらに輸送手段についても多数の商船を徴用できる枠組みがあったことで解決できました。

ただ民間船舶による輸送では、積込み、輸送の迅速性を優先したため、戦術搭載（上陸作戦時の卸下（しゃか）の逆順で搭載する実戦に備えた方式。これに対し通常の搭載方式は管理搭載）がなされなかったため、その後の補給や上陸作戦に混乱が生じました。

このように予期せぬ紛争ではありましたが、英国は臨機応変に対応し、後方支援上の問題を解決して戦勝に結びつけることができました。

継戦能力を見積る：作戦限界点 ［JOPPステップ2-⑤a］

作戦リーチが明らかになったら、作戦の展開予測に沿って統合部隊の「継戦能力」がどの程度維持できるかを見積ります。この指標が「作戦限界点（Culmination）」です。これは作戦を継続した結果、もはや作戦の勢いを維持できなくなる時期や空間をいいます。

攻撃側にとっては、効果的な攻撃を継続できなくなり、防御態勢に移行するか、作戦休止*（後述）を考慮する時が「作戦限界点」となります。この場合、攻撃部隊は反撃される大きなリスクを負うか、危険を覚悟で攻撃を続行することになります。

防御側にとっては、敵の攻撃に対する反撃を続行できなくなるか、効果的な防御ができなくなった時に「作戦限界点」に達したことになります。したがって、防御側としては自らが作戦限界点に達しないようにしつつ、敵の攻撃部隊を作戦限界点に到達させたうえで迅速に攻勢に移行し、敵が防御の作戦限界点に達するよう行動することで勝利を得ます。

このような作戦限界点の考え方に基づき、統合部隊は作戦の持続に必要な作戦資材を携行あるいは補給を受けて、適切なタイミングで作戦区域内に展開します。指揮官は作戦行動と同期*した後方支援を得ながら、作戦の速度を調整して作戦限界点に陥らないように指揮します。後方支援と作戦は表裏一体といわれる所以です。

図13は陸上部隊を派遣する場合の作戦資材補給の考え方で、計画作業としては、部隊展開の細部計画（TPFDD*: Time-phased force and de-

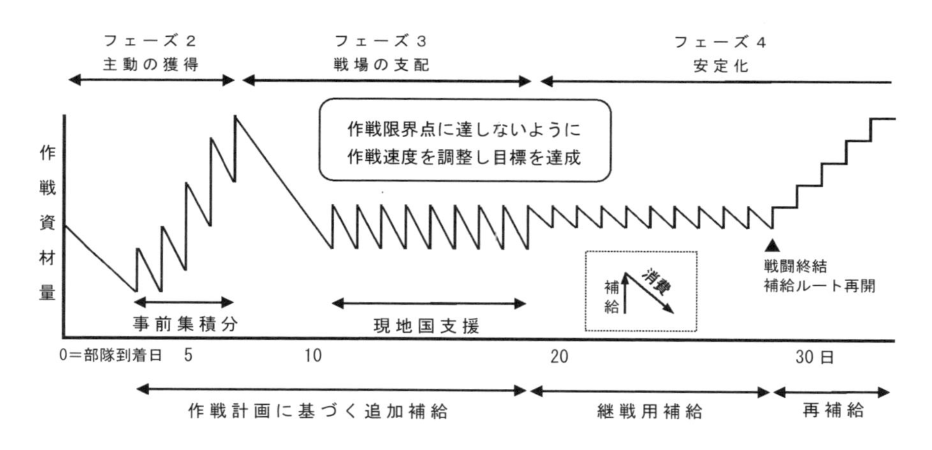

図13 作戦資材補給の概念（著者作成）

ployment data：ティプフィッド）に盛り込まれるものです。TPFDDとは作戦計画に必要な食料、弾薬、燃料、予備部品、医薬品、事務用品などの資材ごとに、調達、輸送、保管の実施者、タイミングと使用部隊、場所に関してまとめられたリストのことです。

この例では、輸送された部隊は５日分の作戦資材を携行して到着し、直ちに事前集積分からの追加補給を受けます。その後は現地国の支援も受けつつ継戦用の補給をもとに作戦限界点に達しないよう作戦を行ないます。

作戦目標を達成し、戦闘が終結し補給ルートが再開したら再補給を受け、その後の作戦に備えて備蓄分を確保します。

作戦区域を設定する［JOPPステップ２-⑤a］

部隊の作戦リーチを把握できたら、作戦空間の活用を考えます。

基地から想定される作戦区域*までの距離とその広さから、部隊が作戦区域に到着した時点で、無補給でどのくらい作戦できるかという「継戦能力」や補給が可能ならばその頻度と量を見積もり、作戦空間をどのように活用できるかという大まかなイメージを描きます。

ここでいう「作戦区域」とは、作戦、展開基地（空港、港湾）、上空通過、継戦能力の確保のために軍事作戦上の要求を考慮して、法的、政治的に決定される地理的な区域です。作戦区域の設定にあたっては、部隊指揮官に対して作戦上の制限を課すだけでなく、むしろ柔軟性やより幅広いオプションを提供しうることが望まれます。

作戦区域には、一般に公表される本来的な作戦のための空間のほかに、公表されない事前訓練区域（上陸作戦に必須）、移動経路、安全確保・敵味方識別のための区域など、必要に応じて設定される各種の作戦上、戦術*上の区域が含まれます。統合部隊指揮官は、その陸、海、空域の境界線を参考にしながら、部隊間の調整、統合、相互干渉の防止のための措置をとります。

事例　作戦区域：TEZとKTO

フォークランド戦争時の作戦区域として、英国がフォークランド諸島周辺200マイル（370km）を「完全排除水域（TEZ*：Total Exclusion Zone）」として海上封鎖を行ない、他国の艦船、航空機に対する無警告攻撃を宣言し、入域を禁じた例があります。これは、軍事作戦にともなう民間、第三国の船舶、航空機などに対する誤攻撃（Blue on white、味方撃ちはBlue on blue）や副次的被害（Collateral damage）を防ぐという重要な目的もあったと考えられます。

一方、北朝鮮をめぐる緊張状況に目を転ずると、韓国紙などは有事の作戦区域とおぼしきエリアをKTO（Korean Theater of Operations）と呼んでいるようです。2017年に行なわれた米空母打撃群を含む日米韓共同訓練では海上自衛隊の艦艇は公海部分を含んでいると考えられるKTO内への入域は認められなかったと報じられましたが、有事においてどのように運用されるのか、邦人輸送などでの港湾、空港の使用も考えられるなか、関心が持たれます。

縦深性を活用する［JOPPステップ２-⑤a］

作戦区域の設定で考慮しなければならないものに、敵の戦い方を念頭に置いた「縦深性」の活用があります。ここでは統合ドクトリンにおける「縦深性」の考え方について説明します。

戦術レベルの「縦深（Depth）」という用語は、さまざまな射程の防御兵器を組み合せて複数の防御ラインを構成する「縦深防御」、さまざまな射程の攻撃兵器をもって敵の最前線と同時にその後方も攻撃する「縦深攻撃」というように使われます。ここでは縦深が空間の奥行を意味する言葉として使われています。

一方、作戦レベルで「縦深性の活用」というと、作戦空間を広範囲に迅速に機動し正確な攻撃を行なえる統合部隊を用いて、敵にも同様の広がりとスピードでの作戦を強いるように戦うという意味になります。

ここでの縦深性は、空間の奥行、幅、高さ・深さ（高度、深度）の三

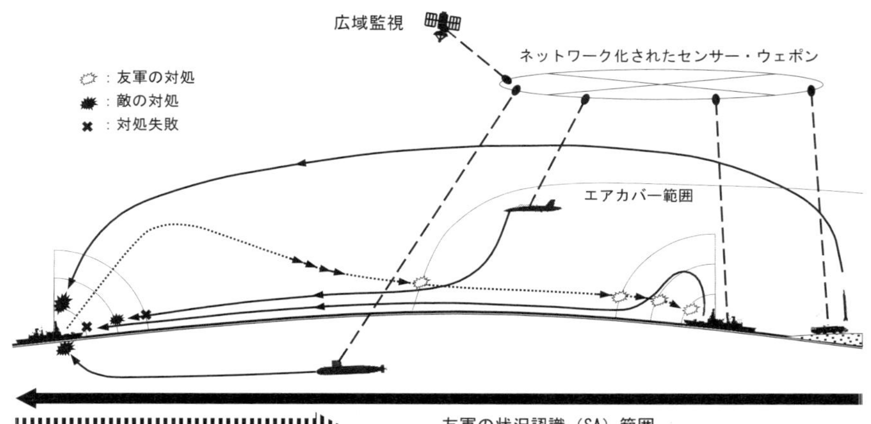

図14 縦深性の概念と活用例（著者作成）

次元をフルに活用する考え方で、戦い方の進化と技術の発展により広く使われるようになってきました。このような「縦深性」を活かした戦い方をすることで、作戦区域全域で敵を圧倒し、敵が対応しきれない同時発生的な攻撃（飽和攻撃）を行ない、早期に敵を「作戦限界点」に到達させることを狙います（図14）。

なお、縦深性は地理的概念だけでなく時間的にも応用できる考え方です。主として戦略レベルにおいて、敵の潜在的能力が友軍に不利なタイミングで発揮されることがないよう、戦略爆撃、後方連絡線の妨害・阻止、情報作戦*などにより前もって措置しておくことが重要で、「縦深性」の応用といえます。

時間的な縦深性をもたせた作戦は、将来の作戦の展開を見越した有利な状況を先行的に形成できます。これによりその先行的な意図が読み切れない敵の意思決定サイクルを混乱させることができます。

時間軸で検討する

作戦計画の時間軸は、作戦準備のための所要期間、作戦開始（可能）

時期、作戦所要期間、終結時期をもとに検討します。そこには、国内政治、外交上の要求や圧力も働きます。とくに作戦開始のための「動員」をはじめとする明示的な準備開始は、断固たる国家意思を示す一方で、外交努力に与える影響も極めて大きいものがあります。これに加えて、気象などの季節的要因、文化・宗教的な配慮なども重要な要素になります。

事例　フォークランドの冬とイラクのディマー・スイッチ

フォークランド戦争では、英国はアルゼンチン軍に占領されたフォークランド諸島を「速やかに」奪還する方針で作戦に着手しました。これは当時、国内政治的な要求に加えて、国際的にも平和的な調停を求める動きがあったため、短期間に一定の戦果や既成事実を挙げないと、調停へ向けた流れになりかねず、奪還作戦を開始できないおそれがあったからです。

当然のことながら、南大西洋の気象、海象も大きな考慮事項であり、本格的な冬の到来までに作戦を終結させることが必須とされました。

一方、「イラクの自由作戦」では、作戦準備だけでなく、開戦の正統性を確保し、有志連合の支援を取りつけるために多くの時間を要しました。

作戦準備も、大規模な作戦であるため30万人に動員命令を出す必要がありました。当時進行中のイラク国内の兵器査察や外交交渉に対する影響が大きいため、ラムズフェルド国防長官の指示で動員計画を一挙に開始するのではなく、「外交に圧力をかけつつ、外交努力の信ぴょう性をなくさないよう」に徐々に発動されました。

国防長官の指示に基づき、開戦４か月前に２週間近くをかけてTPFDD（部隊展開の細部計画）の内容が精査され、展開計画を単純な「オン・オフのスイッチ」から調光できる「ディマー・スイッチ」に転換させ、段階的に展開する方式に改められました。

この結果、細分化された展開命令を長期間にわたり発令することとなり、一部の部隊には準備期間の短い展開命令が届き、混乱を来しました。

この「ディマー・スイッチ」は外交を支援するために実施され、最終的には所要の作戦準備が完成しました。

作戦は短期間とされましたが、開戦時期については、砂漠の気候、イラク軍の即応態勢が低くなるタイミングを慎重に考慮して決定されました。

このように作戦全体の時間軸は「月・日」の単位で決定されますが、作戦そのものの時間軸は、次に示す同時性、タイミング、テンポの３つの要素について「時・分」の単位で検討されます。

同時性の追求 [JOPPステップ２-⑤a]

時間軸の検討で、まず追求しなければならないのは、作戦全体の「同時性（Simultaneity）」です。

同時性とは、戦術、作戦、戦略の各レベルで敵の「重心*」に対して同時に作戦を実施することで、敵の戦闘力を飽和・圧倒し、一体性を失わせ崩壊させようとするものです。そのためには各レベルの軍事行動を互いにリアルタイムでモニターできる態勢が必要で、先進的な指揮統制システムが威力を発揮する分野です。

タイミングとテンポ [JOPPステップ２-⑤a]

同時性に加えて重要な要素は「タイミング*（Timing）」と「テンポ*（Tempo）」です。

「タイミング」とは、最良の結果を得るために時間やスピードを調整することで、友軍の能力を最大限に発揮させ、敵の能力の発揮を妨げるように作戦を実施することがポイントとなります。このために作戦状況全般を把握し、行動の自由を確保し、好機に乗じることのできる余力と即応態勢を保たなければなりません。

「テンポ」とは、作戦速度そのものに加えて「意思決定サイクル」の周期をいいます。高速化、複雑化する作戦上の要求に対応して、技術の発達や革新的なドクトリンが採用されたことにより両者ともに高速化してきました。

統合部隊指揮官は、友軍の戦闘力を長く持続させるためにテンポが上がりすぎないよう抑えたり、テンポを低下させて決戦用の兵力を集結させるための時間を稼いだりします。このように意図的にテンポを落としておいて敵を油断させ、タイミングを見て一気にテンポを上げて敵の防御能力を圧倒・飽和させたりすることがありますが、これは戦い方の基本ともいえます。

前述した「6フェーズ作戦モデル」の「フェーズ0：抑止*段階」では、軍事行動のテンポを意図的に低下させて、敵対国に状況把握、意思決定、コミュニケーションのための十分な時間を与えることも時には重要です。

たとえば、潜在的な敵国に圧力をかけるために、空母機動部隊の展開をアナウンスしつつ、外交レベルでメッセージを送り、周辺国と共同訓練をしたり、あるいは寄港地で戦力を誇示しながらタイミングを見計らって空母を進出させます。最近の北朝鮮危機でこれと同様なことが見られました。

ビークルの見せ方、使い方

最後に、作戦に用いるビークル（艦艇や航空機）や部隊の特徴を最大限に作戦に活かす方法について、フォークランド戦争を例に紹介しましょう。

フォークランド戦争開戦前から英国は原子力潜水艦を先行的に現場海域に展開させていました。隠密性と攻撃力を持つ原潜が作戦海域内にいるかもしれないというだけで相手に多大な警戒と捜索努力を強いることができます。

実際に英原潜がアルゼンチン巡洋艦「ヘネラル・ベルグラーノ」を撃沈したあとは、原潜が行動している可能性があるというだけで、有効な対抗手段のなかったアルゼンチンの水上艦艇は外洋への行動を取り止めざるを得ませんでした。

一方のアルゼンチンも、アメリカの偵察衛星による画像情報を英国が得ていることを予測して、潜航できない旧型潜水艦「サンチャゴ・エル・デストロ」があたかも作戦についていると見せかけるために通常の係留場所から移動させて隠すなどの工作を行ないました。

特殊部隊の行動も通常は公表されないものですが、フォークランド戦争においては、英国の決意を内外に誇示するため、空母部隊の出港に合わせて大々的に宣伝しました。

ほかにも前述した「ブラック・バック作戦」で、旧式のバルカン爆撃機がポート・スタンレー空港の滑走路を破壊しましたが、作戦全体から見ればその戦果は小さなものでした。しかし、これによって英国は、アルゼンチン軍に対する補給を妨害するとともに、限定的ながらもアルゼンチン本土を空爆できる能力を見せつけることに成功しました。この結果、アルゼンチンは空軍機を本土防空に回す必要が生じ、フォークランド諸島の防衛が手薄になりました。

このように、ビークルや特殊部隊は「見せ方、使い方」によって本来の能力以上の効果を上げることができます。プレゼンスを顕示することで、国家意思をアピールしたり、欺瞞作戦に応用することもできるのです。

2）作戦の流れを組み立てる

作戦の大まかな流れが空間的・時間的に把握できたら、次は作戦を具体的に組み立てていきます。

その際の基本的な考え方として、「フェーズ」「分岐策」「事後策」「作戦休止」があります。これらを効果的に組み合せることで、作戦に柔軟性を持たせ、実行しやすくなります。

フェーズとは何か？ ［JOPPステップ2-⑤a］

「フェーズ（Phase）」とは、作戦の段階のことで、各フェーズは明確に区分されており、共通の目的*のために部隊全体が関連した行動を行ないます。前述した「６フェーズ作戦モデル」は、この典型例です。

各フェーズは、全体の作戦の展開に合わせて「時間」「場所」「目的」によって区分され、それぞれ開始と終了時の状況が定義されます。このように区分することで、複雑な統合作戦における各部隊の行動を関連づけ、同期化させて、作戦の柔軟性と一貫性を維持します。

そもそもフェーズの考え方が必要とされるのは、単一の作戦では目標*を達成できない場合、複数の作戦を１つの大きな流れとして段階的に戦役*や作戦として組み合せるためです。

したがって、フェーズに区分されない戦役や大規模な作戦は、まとまりのない個々の作戦の寄せ集めになりかねず、作戦のテンポや一貫性を保つのが困難になります。

一般的にフェーズは、時間で区分されるより実際の作戦状況によって区分されます。たとえば作戦資材の補給などは、輸送速度や能力など時間的要因に左右されますが、作戦状況は敵との関係でつねに変化します。もし各フェーズを時間で区分すると、作戦状況とズレが生じてしまいます。前述したように「イラクの自由作戦」の動員計画は、外交的考慮により段階的に行なわざるを得ませんでした。こうした政治要因なども配慮しながらフェーズを決めていきます。

さらに、フェーズ区分を効果的に実施することで、統合部隊の「作戦限界点」を回避します。たとえば「エンドステート*」達成までに作戦資材が不足し、部隊の継戦能力を維持できない場合、作戦をフェーズに区分して、作戦の休止期間を挟み込みます。「作戦休止」することで、統合部隊の戦闘能力の再構築が可能となります。これは同時に敵にとっては反撃のチャンスとなるだけに注意が必要ですが、この点については後述します。

次のフェーズに移行する際は、その「条件」「場所」「時間」を明示して、作戦の焦点が明確に移行するように計画しなければなりません。フェーズの移行時は、作戦目標、指揮関係、兵力配備、さらには作戦地域の変更をともなうことが多く、部隊が脆弱な状態に置かれやすくなります。このため移行手続きを明確にしてリードタイムを十分に確保し、迅速な移行

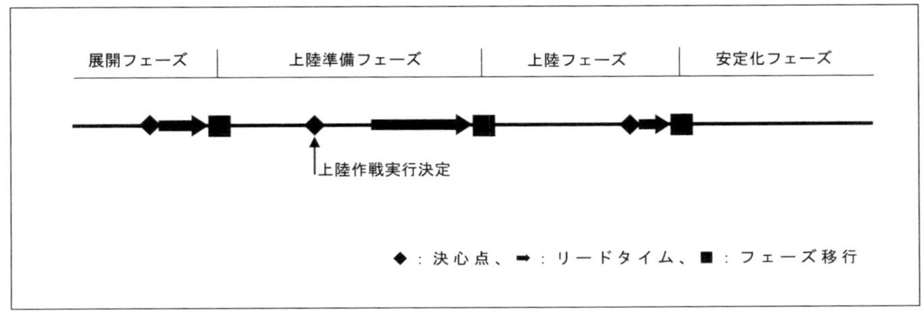

図15 フェーズ区分（著者作成）

ができるようにしておきます（図15）。

フォークランド戦争では、英軍の上陸作戦の開始時期は政治的に決定されましたが、珍しいことではありません。このため、時間的な余裕がなくて作戦の流れにブレーキがかかったり、上陸部隊を脆弱な状態で待機させることがないように政治的な手続きに要する時間を考慮して先行的にプロセスを進めておきます。この際、政治的な決定プロセスの秘匿に十分な配慮が払われるべきことは言うまでもありません。

「分岐策」「事後策」「決心点」［JOPPステップ2-⑤a］

フェーズ区分が決まったら、次は「分岐策」と「事後策」を作戦に組み込みます。

「分岐策（Branches）」とは、状況変化時の作戦の選択肢のことで、基本計画に組み込まれます。敵の行動の変化、友軍の能力や資材の状況、天候の変化に対応した選択肢を作戦に盛り込むことで計画の柔軟性が増します。

一方、「事後策（Sequels）」とは、勝利（成功）、敗北（失敗）、膠着などの実施中の作戦結果を受けて計画される作戦のことです。

「分岐策」「事後策」を決めたら、次はどの時点で「分岐策」「事後策」を発動するかを決めます。これが「決心点（Decision points）」です（図16）。

指揮官にとって、この「分岐策」の決断こそ、「意思決定プロセス」

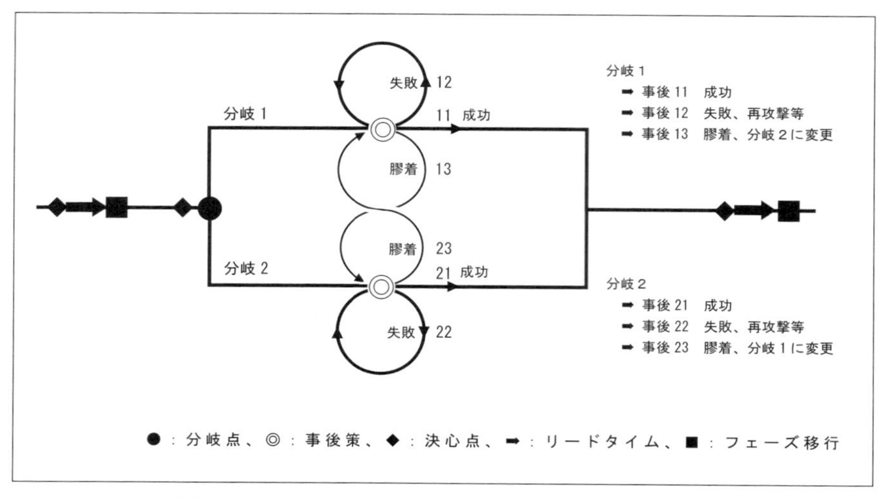

図16 フェーズ区分：分岐策、事後策、決心点（著者作成）

の真価が発揮される場面です。このため、作戦計画段階からこの意思決定を支援する「決心支援マトリックス*（DSM：Decision Support Matrix）」を用意しておきます。

この「決心支援マトリックス」は、「分岐策」とそれを選択するための条件、決心のタイミング（最早〜最遅）、決心するために必要な優先情報要求*（PIR*：敵に関して知らなければならない事項）および友軍情報要求*（FFIR*：友軍について知らなければならない事項）をまとめたものです。このマトリックスの妥当性をテストするのが、後述する「ウォーゲーム*」（第４章参照）です。

なお、PIRで要求した情報は、敵に渡ると欺瞞などに逆用されかねないため、秘密保全に留意します。あわせて欺瞞を看破する方策（第６章参照）とそのための情報要求も準備しておきます。

主動を維持するための「作戦休止」［JOPPステップ２-⑤a］

指揮官は、敵に対する主動*（相手に自分が対応させられるのではなく、先手を打って相手を動かすこと）を獲得・維持するための作戦を積極的に展開しますが、時として後方支援上の制約や兵力不足により実行できない場合もあります。

このような場合、作戦の持続性が尽きる前に主動の立場を保持しつつ、潜在的な「作戦限界点」に達しないよう「安全弁」の役割として作戦を休止することがあります。これを「作戦休止（Operational Pause）」と言います。

「作戦休止」は戦闘力の再生（休養）あるいは次のフェーズのための兵力の温存のために計画されます。計画的な「作戦休止」を行なうことにより、統合部隊指揮官は部隊を効率的に運用できるとともに、同期のズレも修正できます。

「作戦休止」を計画するにあたり、無駄な休止とならないよう効率性を重視しますが、同時に部隊の継戦能力と戦闘効率に関する余裕を切り詰めすぎないように注意します。余裕を残すことで、作戦休止のタイミングに柔軟性を与え、より安全な状況で休止させることにより部隊を不必要に危険にさらすことを回避できます。

「作戦休止」の最大の欠点は、戦略あるいは作戦レベルの「主動」を失うリスクを冒すことです。作戦休止を敵に察知された場合、敵は好機とばかりに休止を妨害したり、主動を奪うために温存していた戦闘力を一気に発揮させるかもしれません。

このため主動を維持しつつ、必要な作戦休止をとるために、複数の構成部隊を交互に休止させたり、作戦テンポを調整することにより統合部隊の主要部分は敵を圧迫したままで、一部を休止させるという方式がとられることがあります。

3）「作戦アプローチ」の完成 ［JOPPステップ2-⑤］

作戦遂行による環境変化を緩和する

通常の作戦であれば、ここまでの検討プロセスで「作戦アプローチ」はほぼ完成となります。

しかし、大規模で長期間を要する作戦になると、作戦の結果として計

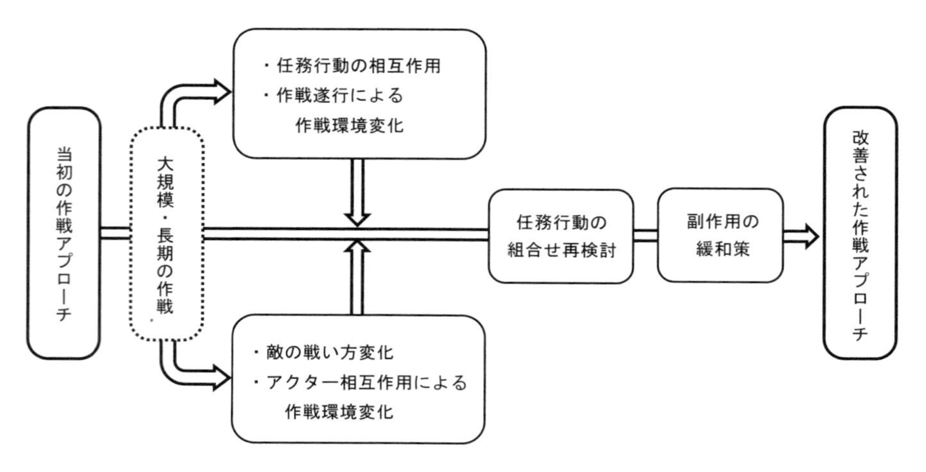

図17 大規模、長期作戦アプローチの完成 (著者作成)

画作成の前提となった作戦環境が変化する可能性を考慮に入れる必要性が出てきます。また、複合的な作戦になれば、作戦を構成する部分的な任務行動*同士の相互作用も考慮しなければなりません。

このような理由から、大規模、長期間の作戦では、作戦アプローチを完成させたあと、作戦環境の変化や任務行動の組み合せなどについてさらに検討して最終的な作戦アプローチを完成させることがあります。

具体的には、関係する勢力（アクター）間の相互作用による作戦環境の変化や敵の戦い方の変化などを考慮し、任務行動の組み合わせ（複数の作戦系列の同期の仕方など）や分岐策、事後策を再検討します。

そして再検討された作戦アプローチにより「望ましくない副作用」があれば作戦環境を再評価し、緩和する方策を検討し、戦略的・作戦的リスクを明確にして作戦アプローチを改善して完成させます。図17にこの考え方を示します。

「作戦アプローチ」を視覚化する ［JOPPステップ2-⑤d］

完成した「作戦アプローチ」は、おそらく数十ページにも及ぶものになるでしょう。その中の重要な考え方については、文章に加えて図表を用いて視覚化すると部隊側の理解、不具合の発見や修正、さらには実行

	作戦系列・非軍事活動系列	ねらい 焦点	達成を支援する目標								望ましい状況（エンドステート＝安全で安定化した地域）
			積極的な広報	訓練された治安部隊	市民の治安活動	識字率の向上	必須サービス	有能な行政機関	組織的犯罪の根絶	歳入の増加	
現在の状況	情報作戦	支援	●	●	●	●	●	●	●	●	地方政府と住民との定期的交流
	民政	支援	●		●	●	●	●	●	●	公務員が適正に勤務し責任遂行
	治安作戦	隔離・分断	●	●	●			●	●	●	地方政府が治安部隊を適正運用
	教育	支援・感化	●		●	●	●	●		●	登校率の向上
	インフラ	支援	●		●		●	●	●	●	基本的サービスの向上
	経済	支援	●		●	●	●		●	●	地方での投資・事業の増加

図18 分野別非軍事活動系列と支援目標の関係例 (JP 5-0〔旧版〕, Fig III-8 “Operational Approach-Example”にもとづき著者作成)

段階での進捗状況の把握に役立ちます。

図18は、作戦系列（情報作戦）と非軍事活動系列*を組み合せて地域の安全・安定化を「エンドステート」とする作戦アプローチの概要を表で示したものです。

ここでは、左端列の６つの分野ごとに「達成を支援する目標」（８つに分類）を定め、現地政府の取り組みに対して軍がどんな支援をできるか表にしています。

それぞれの担当部隊（組織）が同時並行的に黒丸印の目標を支援し、右端の望ましい状況（エンドステート）になることを目指します。そのためには、各担当部隊（組織）は、関連するほかの部隊（組織）と調整する必要があります。

たとえば「識字率の向上」支援を行なう部隊（組織）は、情報作戦、民政、教育、経済の各分野と調整しながら支援に取り組みます。

図19は、複数の「活動系列」や「作戦系列*」を時系列的に線で示し、系列間の相互関係を図示しています。

この例では、右端の「エンドステート」を実現するためには目標１と２を達成する必要があること、そしてそれぞれの目標を達成するには１～４の望ましい状況を作り出すことが求められますが、それらに対応す

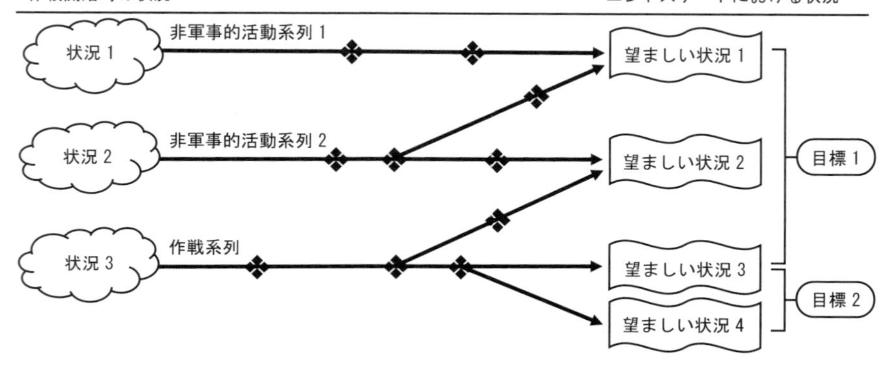

図19 時系列的な活動系列と相互関係の例 (Planner's Handbook for Operational Design, Fig VI-2 "Operational Approach- The Basics"にもとづき著者作成)

る現在の状況は１～３と分析されています。

現在の状況１～３から望ましい状況１～３への「活動系列」とその系列上にある「中間目標」「決勝点」が示され、望ましい状況4は、望ましい状況３を実現する過程で「副次的」に実現できること（下向きの斜線）がわかります。さらに活動系列間でほかの系列の中間目標が望ましい状況の実現に寄与すること（上向きの斜線）もわかります。このように視覚化することで、活動全体の構成が理解しやすくなります。

事例「イラクの自由作戦」での作戦アプローチ

フランクス中央軍司令官がラムズフェルド国防長官に３回の中間報告を経て決定した「作戦アプローチ」は、本書に示す典型的な幕僚手順とは若干異なる「トップダウン型のプロセス」で立案されたように思われますが、その計画は、2002年12月28日にブッシュ大統領に次のように報告されたとされています。

「以下の国家的手段からなる７つの柱について、一貫性、同期性を持たせた作戦系列として実施することにより、必要な通常兵力の規模を大幅に縮小する。

作戦系列＼スライス	指導層	治安当局	大量破壊兵器関連施設	ミサイル関連施設	共和国防衛隊	クルド人居住地域	イラク正規軍	経済・外交インフラ	一般市民
戦術火力	<u>★</u>	<u>★</u>			<u>★</u>		<u>★</u>		
特殊作戦	★		★	★					
戦闘機動		☆	☆	☆	★		★		
感化作戦							<u>☆</u>	<u>★</u>	★
反体制派支援						★			☆
軍民共同活動						☆		☆	★
人道支援						★		☆	★

効果：★大、☆小、下線は『Plan of Attack』で直接言及されているもの

図20「イラクの自由作戦」における作戦系列とスライスの関係（推測）（『Plan of Attack』pp.56-57にもとづき著者作成）

1）従来型大規模爆撃およびトマホークを含む精密誘導兵器の投射
2）イラク領内に潜入する特殊作戦部隊による非正規戦
3）戦闘機動：陸軍および海兵隊による従来の地上戦
4）感化*作戦（情報の流布、広範な心理作戦、欺瞞作戦を含む）
5）イラク反体制派の支援
6）戦闘終了後の軍民共同活動
7）イラク国民への人道支援
以上を柱とする作戦をフセイン政権の重心に指向する」

この初期段階の「作戦アプローチ」は、「スライス*（Slice）」と7つの「作戦系列」からなるマトリックスを用いてブッシュ大統領に報告されたとされています（図20）。

その後、このマトリックスに作戦環境を踏まえた「エンドステート」が加味され、時系列的な分析とともに作戦概念*が深められたものと考えられます。

4）リスクを評価する［JOPPステップ2-⑤b］

「リスク要因」の洗い出し

計画作業のプロセスにおいて、使命*の達成を阻害しそうな障害や行動が明らかになったら、それぞれの蓋然性と影響度を評価し、必要な場合には回避策や軽減策をとります。不確実性の実態を具体的に分析、把握して、その軽減、除去を図るわけです。

「イラクの自由作戦」の準備段階の国家安全保障会議において、ラムズフェルド国防長官が配布した『リスク要因』を記した機密文書には29項目のリスクが記載され、その一部は以下のとおりであったとされています。

1）米国のイラクへの関与と集中に乗じる第三国の出現
2）原油生産が混乱し、世界に衝撃波が拡散
3）イラク情報機関の諜報員が米国、米軍部隊、同盟国などを攻撃
4）付随被害が想定より大きくなる可能性
5）バクダッド攻防戦が泥沼化する可能性
6）イラク国内で以前に起きたような宗派、民族間の紛争が生起
7）イラク軍がシーア派を化学兵器で攻撃し、米国の仕業と非難
8）イラクが宣伝戦で「イスラムに対する戦争」と主張

これらの「リスク要因」は戦略レベルを中心としたリスクで、実際の計画作業においては、これら戦略レベルのリスクが作戦、戦術レベルに波及することで生じるリスクと、作戦・戦術レベルでのリスクを列挙して評価することになります。

個々のリスク要因のうち、とくに作戦・戦術レベルのリスクに関しては精緻な数値シミュレーションで評価が得られるものもありますが、シミュレーションの模擬限界、得られた数値が含む誤差、さらには評価できなかったほかの要因や、そもそも異なるシミュレーション手法で得られた結果同士が比較可能かということを考慮して計画作業に応用する際

には、以下のような評価を付与します。

蓋然性：Unlikely ＜ Seldom ＜Occasional＜ Likely ＜Frequent
（ない＜ほとんどない＜ 低い ＜ある＜ 高い）

影響度：Negligible＜ Marginal ＜ Critical ＜Catastrophic
（無視できる＜ 限定的 ＜ 重大 ＜ 致命的）

リスクの表現においては、この蓋然性と影響度の評価を総合して以下の４段階で表現することになっており、ここにも「作戦術*」が「科学」というよりも「術」であるといわれる所以が見てとれます。なお、これらの形容詞の使い分けは軍事関係ではよく使われるので、参考にするとよいと思います。

Extremely high：　（使命達成の能力）喪失
High：　（使命達成の能力）大きく低下
Moderate：　（使命達成の能力）低下
Low：　使命達成への影響はない／ほとんどない

リスク許容度の考え方 ［JOPPステップ２-⑤b］

最後に「リスク許容度」について触れておきます。

まずリスクの許容度は、作戦の性格、段階、戦況、象徴的な事象によって急激に変わります。さらに国内外の政治状況や世論にも大きく影響されるので、継続的に注意深くリスクを評価する必要があります。

さらに「リスク許容度」を後述する作戦上の「制限」とした場合、ある一定の変化が生じると「作戦アプローチ」そのものを変更する必要が出てきます。このようなリスク要因については、「作戦アプローチ」変更のタイミングを間違わないよう、「RI*」（作戦環境の変化、認識していなかった変化を把握する指標、後述）に含めておくことが重要です。

5）「仮定」を決め「制限」を明確にする

作戦計画を作成する時点では、実際の危機が発生していなかったり、発生していても計画作業に必要な情報に欠けている場合が普通です。

したがって、不適切な「仮定」（作戦計画に必要な情報が欠落している場合に立てる妥当性のある仮定）や根拠のない「制限」（後述する強制*と禁止*）を設定したり、思い込みで作戦計画を完成させてしまうと、危機が現実となった場合、準備していた計画のどこをどう修正すればよいかわからなくなります。計画のもとになった情報に関して不確実と確実の境界線を明確にしておく必要があります。さらに戦略レベルの計画をもとに、作戦・戦術レベルの作戦計画が関係する部隊で階層的に多数作成されているので、「仮定」と「制限」を明確にして周知しないと作戦を実行する際に統制がとれなくなる恐れがあります。

作戦上の「仮定」［JOPPステップ２-⑦］

作戦計画作成の初期段階では、重要な情報の多くが欠落しているのが普通であると述べましたが、これらの情報のうち、作業を進めるうえで敵と友軍に関する必要不可欠な情報については、極力妥当性のある「仮定」を立てて作業を進めることになりますが、わからないこと、決められないことを無理に決めてはいけません。

長期的に生起する可能性のある危機に備えて時間をかけて作成するやり方を「予測事態対処計画作業*」（付録１）ということはすでに述べました。当然、この計画には、実際に危機が発生しないとわからない情報が「仮定」として多く含まれています。

一方、実際に危機が発生した状態で作成されるものを「危機発生時の計画作業*」（付録１）と言います。この計画にも多くの「仮定」が含まれますが、作戦発動に間に合うよう極力早期に事実に置き換えなければならないため、必要となる情報を計画作成段階から情報部署に要求しておかなければなりません。

事例　「イラクの自由作戦」での仮定

「イラクの自由作戦」では、それ以前に時間をかけて作成された計画は存在していましたが、開戦1年4か月前に改めて計画作成が指示されると、大幅な見直しが必要となり、新たに多くの「仮定」が設定されました。

すでにアフガニスタンなどで「不朽の自由作戦」を実施中で、新たにイラクと戦端を開くことになると、有志連合の動向も読み切れないものがありました。そこで、多くの「仮定」がフランクス中央軍司令官からブッシュ大統領はじめ関係閣僚に報告されたとされています。

主な「仮定」は以下のとおりです。

1）米国単一行動となってもそれを可能とする現地支援国の承認が得られる。

2）国務省はイラク暫定政権の発足を推進する。

3）近隣諸国は干渉しない。

4）NATO諸国は所要の領空通過と基地使用を認める（フランス、イタリア、ドイツ、ベルギーは拒否する可能性あり）。

5）米軍を支援するか最低でも協力するイラク反体制派がいる。

6）イスラエルはイラクからの攻撃に対する自国防衛能力を強化する。

7）米国の民間予備航空隊*（CRAF：Civil Reserve Air Fleet）が兵員と資材の輸送を支援する。

8）大量破壊兵器で汚染された戦場での行動の準備をする。

9）ほかの戦域*の巡航ミサイルを中央軍に優先的に割り当てる。ほかの戦域の事態対処計画は可能であれば一時停止する。

10）「不朽の自由作戦」を隠れ蓑にして部隊を移動させる。同作戦は手をゆるめない。

11）戦闘開始前に現地兵力を10万5000人以上にする。

当然、上記の「仮定」は、それぞれについて、さらに詳細な「仮定」が必要となります。「仮定」は継続的に見直しされ、その正否が判明したら、速やかに計画に反映させます。また、重要な「仮定」が間違いであることも想定して計画の変更をあらかじめ準備しておくことは当然です。

さらに指揮官が重要な決定を行なうのに必要な情報は、指揮官の「重要情報要求*（CCIR*：Commander's Critical Information Requirement）」として極力早い段階から示しておかなければなりません。作戦命令を発出するまでにはすべての「仮定」の解消を目指すのが幕僚の務めとなります。

関係国からの支援

「イラクの自由作戦」で示された「仮定」で明らかなように、関係国から得られる「支援」は計画段階で大きな比重を占めます。

「イラクの自由作戦」の計画作成時の基地提供を含む諸外国からの支援の期待度は、次の３段階に分類されました。

１）堅固（robust）

２）限定的（reduced）

３）（支援が期待できないため）単独行動が必要（unilateral）

当時、「堅固」に分類されていたのは、イラクと国境線を接するクウェート、サウジアラビア、ヨルダン、トルコでした。

その他、湾岸諸国と英国の支援があれば「作戦系列」（目標に至る作戦行動を時系列に示したもの）をわずか10万5000人の規模で開始可能（のちに23万人の追加派遣）と判断されました。しかし実際に支援を得るには困難な外交交渉が予想されました。

これらの支援が縮小された場合、同期化された複数の「作戦系列」からなる同時並行作戦ではなく、逐次的な作戦となり、リスクと期間の増大が懸念されました。とくにトルコとサウジアラビアの支援が得られない場合は甚大な影響が見積られました。

ほかにも米英共同攻撃を行なうには、クウェート、バーレーン、カタール、オマーンの基地使用と領空通過が必要とされました。

このような外征作戦における周辺国の支援以外に、同盟国間の共同防衛作戦でもどのような支援が得られるかは作戦の成否を左右する大きな問題です。軍事大国といえども同盟国や支援国が必要な理由がここにあります。確約のないものは「実戦ではあてにできないもの」として、作戦計画上は除外もしくは「仮定」として処理されます。つまり平素からの協議、取り決め、演習が極めて重要で、それはそのまま同盟の緊密さ、強固さを示すことになります。

作戦上の制限：強制と禁止 ［JOPPステップ２-⑧］

「仮定」の設定と並んで重要なものは、作戦に対してどのような「制限」がかけられるかを明確にすることです。作戦上の制限には、上級指揮官からある行動の実施を「強制*（Constraint）」あるいは「禁止*（Restraint）」されること、指揮官の行動の自由を制約する外交取り決め、自国および関係国の政策や方針を反映した「交戦規定*（ROE*）」（後述）などがあります。

さらに戦死者の局限など、特定のリスクに関しての許容度が示された場合、作戦の制限事項となります。

事例　フォークランド紛争での強制と禁止

フォークランド戦争での「グース・グリーン襲撃」において、英軍は当初、兵力が限られていることから、飛行場を破壊するだけの「襲撃」を計画していましたが、英国民や国際社会に対して英軍が作戦の主動権を握っていることを示すという政治的な思惑から、本来は大兵力を要する「占領」を少ない兵力で行なうことを「強制」されました。

ほかにも、サッチャー戦時内閣はアルゼンチン本土基地への攻撃を「禁止」し、さらに作戦上の「制限」として、フォークランド諸島への上陸時期は政治主導で決定することなどが指示されました。

最近では、2017年11月、韓国外相が表明した「三不（3つのノー）政策」があります。これは、①THAAD*の追加配備を検討しない、②米国のミサイル防衛網に参加しない、③日米韓の軍事同盟化を行なわないというもので、③はともかく、①と②は北朝鮮の脅威に対処するうえで不可欠な措置と考えられていただけに意外なものでした。THAAD 配備に対する中国の厳しい報復措置がとられていましたが、その経済的損失をかわすための苦肉の策としても異例の「禁止政策」です。

この「三不政策」は、作戦レベルの措置を具体的に縛るもので、北朝鮮と本格的に対峙する段階において、果たして適切なものだったか、大きな疑問符がつく決定でした。

指揮官に「行動の自由」を与える

「交戦規定（ROE: Rules of engagement）」には作戦を制限する事項が多く含まれますが、それらの制限は、一般的には国際法の規定を上限とし、政策的に特定の項目に制限をかける「ネガティブリスト」方式をとっています。

ちなみに、これに対してすべての実施可能な項目を法律の根拠に基づき列挙する方法を「ポジティブリスト」方式といいます（我が国はこの方式をとっています）。この場合には、「そもそも法律の上からは何ができるのか」という視点で、「ポジティブリスト」の中から作戦を組み立てることになりますから、実施可能な作戦がエンドステートや戦略目標を規定しかねないことになります。これでは「逆向き」の考え方ともいえ、最適な戦略作りを歪めたり、同時に他国の部隊と行動することがあれば、それに負担をかけたりすることが懸念されます。

いずれにせよ、指揮官は「リスト」により自らに課せられた制限内で最大の「行動の自由」を得られるよう作戦方針を組み立てます。

「強制」や「禁止」は、政治、外交的な要素を反映して作戦の大枠を規定するように個別に指示されるのが一般的です。

これに対して「交戦規定」は、「強制」「禁止」で指示された事項を含む戦略レベルの要求を、作戦・戦術レベルに反映させるために具体的に示されるもので、状況に応じて継続的に見直されるものです。

「使命」の分析で、政治・外交と密接な関係のある戦略レベルから作戦レベルへ示された指針だけでは計画を立てられないことが多く、政治的なレトリックや曖昧な文言を分析して作戦のための使命（目的と任務）を導き出すと述べました（47ページ参照）。

逆にいえば、作戦を柔軟に立案するには、曖昧な部分を残した方針の方がよいともいえます。前述の作戦行動を制限した韓国の「三不政策」よりも、外交には（作戦への影響を理解したうえでの）戦略的な曖昧さが望まれるということを強く感じます。

事例　フォークランド戦争での英軍のROE

フォークランド戦争時の英軍の実施したサウス・ジョージア島奪還作戦の「交戦規定（ROE）」は、以下のとおり３つの区分で規定されました。

１）サウス・ジョージア島までの公海上行動時――アルゼンチン軍の挑発を避けることを最優先とし、断固として侵略に対応する。

・被攻撃部隊に対する防護支援は許可
・明らかな敵対行為に対して最小限の武力行使は許可
・英原潜は隠密行動、被探知時は回避、被攻撃時は交戦を許可

２）アルゼンチンが宣言した排除水域内通過時――排除水域の行使を拒否するため英軍のプレゼンスを顕示する。

・アルゼンチン軍目標に対しては進路を変更させる
・敵対行為をとるアルゼンチン潜水艦に対しては警告後の攻撃を許可

３）奪還作戦時――島の奪還のため必要な行動をアルゼンチン軍艦艇、航空機に対してとることを許可。

・アルゼンチン軍潜水艦には警告後の攻撃を許可

コラム❸「行動の自由」とは？

「行動の自由」という言葉がたびたび出てきましたが、意味は文字どおり「行動する（できる）自由（度）」のことです。ではいったいどのくらいの自由（度）が必要なのでしょうか？

それを考えるヒントに「独断専行」という言葉があります。情勢に応じて部下の責任において上司の命令と違ったことをやるということですが、その条件は次のとおりとされています。

1）情勢が命令受領時とまったく変化し、報告して新しい命令を受ける方法がないか、余裕がないこと（この場合は、のちに速やかに上司に報告して了解を得る必要があります）

2）当初の命令を実行したら明らかに命令者の意図に合致せず、自分の判断した新たな行為は命令者の意図に合致すること

3）「進んで名を求めず退いて罪を避けざる」という良心的な行為であり、自ら責任を負う覚悟ができていること

独断専行は、上記の条件に合致したら必ずやるべきことだと思います。また、上官は情勢の変化の幅を予測して、適切な独断専行をやれる「余地」を部下に与えることが必要です。

この「余地」がいわゆる「行動の自由」の幅の下限だと思います。

上限については、作戦上の「経済の原則（主作戦において最大の戦闘力を発揮できるようほかの作戦には必要最小限の戦闘力を用いる）」（付録3）や情勢の変化に応じてとられるさまざまな対応策（分岐策や事後策）の発動、さらには作戦のテンポを管制し、主動を握るうえで必要な程度ということになると思います。

6）「作戦評価」や情報収集の準備をする［JOPPステップ2-⑨］

「作戦評価」を準備する

「作戦アプローチ」（部隊の大まかな行動）が完成したら、引き続き「作戦評価」の準備をします。「作戦評価」とは、継続的に作戦状況をモニターして使命達成に向けた統合作戦の進捗状況を評価することをいいます。いかに周到に作成された計画であっても、実行段階にならなければわからない不確実性が存在しますが、その対応のために継続的な作戦評価と後述するCCIRによる効率的な情報収集態勢をとります。

「作戦評価」では、基本的に「正しい作戦を正しく実施しているか？」という観点から、期待される作戦結果と実際の状況を継続的に比較・評価します。

「作戦評価」により、統合部隊は、より客観的に作戦の進捗状況を把握し、現在の任務と目標の適合性を判断できます。「エンドステート」達成のためのよりよい方策がないかを継続的に評価し、必要に応じて作戦アプローチ、作戦計画、命令を修正します。

評価のためのクライテリアは、作戦全体、フェーズ別、あるいは構成部隊の実施する部分作戦別に設定される「使命達成クライテリア*（Mission success criteria）」に、MOE*、MOP*という指標を当てはめるのが一般的です。

1）MOE（Measure of Effectiveness）：「正しいことを行なっているか」を評価します。エンドステートや目標の達成状況、効果*の発揮状況と密接に関連する作戦環境の変化を評価し、実施された作戦行動の適合性、妥当性を評価します。

2）MOP（Measure of Performance）：「正しく行なっているか」を評価します。友軍の戦術行動の効果を物理的・数値的側面（展開速度、燃料消費、武器やセンサー効果）に着目して、数値的、直接的に評価します。数値的な把握が困難な心理戦などの評価は環境に応じた評価方法を工夫する必要があります。

このようなMOEやMOPに加えて、「そもそも現在の作戦アプローチは妥当なのか？」という観点を作戦レベル以上の司令部が持ち続けることも極めて重要です。そこで、作戦設計*のステップを一段さかのぼって、現在の作戦アプローチを見直さなければならないような作戦環境の変化や認識していなかった環境要因の発生を把握するための指標として、「RI*（Reframing Indicators）」を用います（図21）。

RIの指標としては、PMESII*分析で把握された主要勢力（アクター）の相互関係や結節点に関するものを多く含みます。たとえば「問題の定義」に際して考慮した主要な要因、敵の構成や作戦アプローチ、友軍の能力、エンドステートに影響するような上級司令部の方針、予期しなかった友軍の作戦の遅延、国際社会の支持や国内世論、主要な計画上の仮定に大幅な変化が生じた場合などです。

RIは、長期的な敵の「サラミ・スライシング戦術（相手の本格的反応を招かない程度に時間をかけてすこしずつ既成事実を積み重ね所期の目標を達成する戦術）」や緩慢ながらも本質的な作戦環境の変化などに対処するための適切な作戦アプローチを維持・修正するために不可欠です。

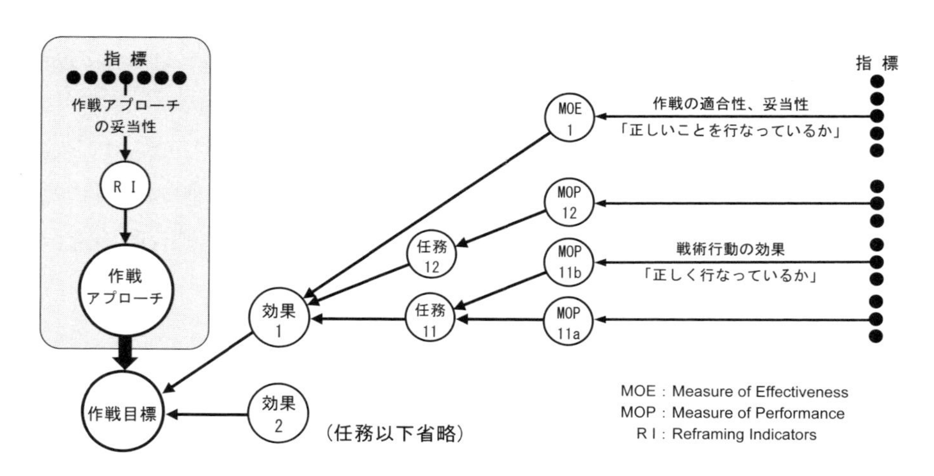

図21 作戦評価の考え方（Commander's Handbook for Assessment Planning and Execution, Fig III-2 "Notional Assessment Structure"にもとづき著者作成）

また、当面の作戦に没頭し視野狭窄になりがちな司令部、あるいは作戦アプローチを最初に起案した指揮官や主要幕僚が交代して起案当時の検討経緯が十分に引き継がれていない司令部にとって極めて有益な指標となります。

なお、これらの評価のためにはさまざまなデータや情報の収集が必要となりますが、その負担が作戦を圧迫することがないように留意します。項目、精度、頻度などを適切に定め、可能な限り後述する指揮官の「重要情報要求（CCIR）」を兼ねるように留意します。

同時に、現場の部隊が上級指揮官に対して成果をよく見せたいために、評価指標とされたものにのみ注力してデータを改善するなど、「手段の目的化」などの悪弊が生じないように配慮します。

CCIRをまとめて情報収集の効率化を図る ［JOPPステップ２-⑩］

指揮官がタイムリーな決心をするうえで不可欠な「情報要求」を整理してリスト化したものを「CCIR（Commander's Critical Information Requirement）」といいます。

この「情報要求」は、事態予測を行なうために不可欠で、リアルタイム性が求められます。また、その内容も絶えず変化するため、要求項目は幕僚組織の中で系統的に整理・統合され、リスト化されたものが、命令また計画によってそのつど示されます。

「CCIR」は、リアルタイム性や先行性に対する要求が高いほど多くの希少な情報収集リソースと幕僚のマンパワーを必要としますから、多くても数項目に絞られるのが普通です。

たとえば、長期間にわたって捜索してきた敵艦隊をようやく捕捉でき、敵の防御態勢がゆるむ洋上補給を開始したタイミングで攻撃するとします。「CCIR」は、「洋上補給開始はいつか」ということになりますが、洋上補給の所要時間が１時間と見積られた場合、数分遅れ（ニアリアルタイム）程度でその開始時機を把握しなければなりません。

このような場合、艦隊の位置の確認間隔をそれまでの数時間おきから連続的（リアルタイム）に把握するとともに艦隊の陣形も正確に把握する必要が出てきます。そのためには十分な数の哨戒機やセンサーを張り付けにする必要があり、まさに戦術的なリアルタイム性が要求される作戦です。

戦略・作戦レベルでは、敵の上陸作戦に関する意図（実施するのか否か、それはいつか？）の把握を「CCIR」とする場合が考えられます。この場合、リアルタイム性は戦術レベルほどではないにしろ、相手の意図が判明したあとの味方の対応に十分なリードタイムが必要となります。そのためにはできるだけ先行的に意図を把握しなければならず、情報収集には「ヒューミント*（人的諜報）」を含む、極めて希少なリソースを駆使する必要があります。

「CCIR」はこのような性格を持つものですが、後述する統合部隊司令部（第５章）においては、以下のとおり敵に関する「PIR（優先情報要求）」と友軍に関する「FFIR（友軍情報要求）」から構成されており、指揮官の承認を得てリスト化されます。

１）PIRは、敵と作戦環境に関する情報に焦点を当てたもので、これらに対する警戒監視をするうえでの部隊や活動所要を規定するものです。J-2（情報）部は、司令部内の他の幕僚部からの情報要求をPIRに整理・統合し、統合部隊指揮官の承認を得ます。

２）FFIRは、友軍と支援能力に関する情報に焦点を当てたものです。作戦開始前にはJ-5（計画）部が、開始後の「現行作戦*」（後述）関連ではJ-3（作戦）部、「将来計画*」（後述）関連ではJ-5（計画）部が、それぞれ関係する幕僚部からの情報要求をFFIRに整理、統合し、統合部隊指揮官の承認を得ます。

３）CCIRは、指揮官の将来計画に関する決定を支援するもので、MOEとMOPに関連することが多いため、情報収集の効率化のためにリストを共通化し兼用することを考慮します。PIRはPMESIIの各分野について、FFIRは国家の外交、情報、軍事、経済の分野にそれぞれ着目するのが一般的です。

7）計画作業の包括的指針を示す［JOPPステップ2-⑫／⑬］

「使命分析ブリーフィング」で計画指針を示す

この段階までにJOPP*の「ステップ2：使命の分析」が終了したことになり、計画作業としては前半の最も重要な作業を終えたことになります。

計画チームは、これまでの成果を「使命分析ブリーフィング」および「計画指針（案）」として統合部隊指揮官に報告して承認を求めます。この2つが承認されれば、以後の計画作業に対する包括的な指針が示されたことになり、以後は必要に応じて改訂版を配布すればよいことになります。

なお、このブリーフィングは、作戦に関係する部隊の指揮官や幕僚が一堂に会することから、作戦全体に関する意思統一のまたとない機会となるため、極めて重要なものです。

使命分析ブリーフィング（例）

1　情　勢
　作戦環境と脅威のまとめ
　作戦に影響する政治、軍事、経済、社会、情報、インフラ
2　友軍の見積り
　既知の事実と仮定、制約事項、法的考慮、展開部隊
3　広報戦略
4　目標、効果、任務分析
　関係省庁の目標、上級指揮官の目標・使命・指針
　重心、目標と効果、明示・付随・必須任務*
5　作戦保全
　作戦上のリスク、軽減策
6　初期の指揮官の重要情報要求（CCIR）（案）
7　使　命
　使命（案）、指揮官の意図（案）
8　指揮関係（案）

9　結　論（案）
指揮官の行動方針*（案）、計画指針（案）
（6～9はブリーフィングの結果、指揮官の了承を求める「案」）

計画指針（例）

1　作戦環境
2　解決されるべき問題
3　作戦アプローチ
4　指揮官の初期意図
（1）作戦目的
（2）戦略的、軍事的エンドステート
（3）作戦上のリスク（許容の可否、対応策）
5　その他
（1）ほかの国家的手段との連携、省庁間の調整要領
（2）資源、特定の作戦に関する追加的な指針
（3）情報管理

第3章のまとめ

「使命の分析」の後半です。第２章までにでき上がった初期的な「作戦アプローチ」をアレンジして作戦の流れを具体化します。このプロセスでは、拡散的・独創的な発想を最大限に発揮することが求められます。同時に具体的なリスクや計画上の仮定および制限も明確になり、不確実性の幅を予測できます。

作戦評価の準備や情報要求の基本が明らかになり、作戦実施段階の指揮官の「意思決定サイクル」に直接関係する指標などが得られます。これらは第４章で述べる「ウォーゲーム」でテストされます。少人数の作業であるため、引き続き集団思考の「落とし穴」に警戒します。

第4章
作戦計画を完成させる

作戦計画作りは計画チームの手を離れ、関係する全部隊の司令部の作業となります。

本章では、「使命*分析ブリーフィング」と「計画指針」として示された作戦*の包括的指針を受けて、部隊ごとに「行動方針*」を練り、ウォーゲーム*で分析・検討し、作戦計画や命令案を作る手順について説明します。

計画や命令が完成したら作戦の実行段階へ移行します。

1）「計画指針」が示されると、部隊ごとの計画作成プロセスが始まり、すでに示されている「作戦アプローチ*」をもとに部隊ごとに複数の「行動方針（COA*）」案が作られます。案ができたら妥当性テストを行ないます。

2）作戦に応じた「評価クライテリア」を決めてウォーゲームを行なって、各COAを分析します。

3）そのウォーゲームの結果を比較し、「敵の行動方針（ECOA*）」に対する最善のCOAを選びます。

4）選択したCOAをもとにして計画と命令を作成します。

5）完成した計画と命令を部隊へ配布して移行訓練を行ない、即応態勢を高めて、作戦の実行段階に移ります。

1）行動方針（COA）案を作る［JOPPステップ3］

最善のCOAを選ぶ

「使命分析ブリーフィング」で計画指針が示されると、各部隊の作成プロセスが一斉に始まり、それぞれに多数の幕僚が参加して大がかりな計画作業となります。

これは輪郭だけだった計画指針に実質的な内容を盛り込む作業で、その中心的なものが複数の「行動方針*（COA*）」案を練り、その中から最善の一案を選ぶことです。

COAとは、割り当てられた使命*を達成するための方法であることはすでに説明しました。フォークランド戦争を例にとると、英軍が「フォークランド諸島からアルゼンチン軍を撤退させ、英国の統治を復活させる」というエンドステート*を達成するためには、①同諸島を占領したアルゼンチン軍に対する補給路の遮断（いわゆる兵糧攻め）、②英軍の上陸作戦による奪還という少なくとも2つの選択肢がありました。

しかし、前述のとおり停戦を求める国際世論や冬の到来を前に「可能な限り速やかに」との要求が加わった結果、①の補給路の遮断はアルゼンチン軍の補給品の事前集積が十分にあったため長期戦になる可能性が高く、冬季の海上封鎖などの困難性や停戦の流れにつながるリスクが許容できないと判断されたため、最終的に②の上陸作戦が選択されました。

当時、英軍に「作戦アプローチ*」という考え方はありませんでしたが、もしあったとすればその基本部分は、以下のようなものであったと推測されます。

① 外交交渉の継続中は、アルゼンチン軍の挑発を避けるように行動し、上陸作戦に備えた情報収集を行なう。外交交渉終結後、NCA*（国家指揮権者*）の指示する時期に上陸作戦を開始する。

② フォークランド諸島周辺に航空優勢と海上優勢を確保し、MEZ（海上封鎖水域）およびTEZ（完全排除水域）を設定する。

③ 特殊部隊が先行上陸してアルゼンチン占領軍の防衛能力を可能な限り減殺する。
④ 英軍の上陸部隊（主力）は可能な限り速やかにフォークランド諸島を占領する。
⑤ アセンション島を前進基地として活用する。

このような「作戦アプローチ」が計画チームから示された場合、②については、航空構成部隊や海上構成部隊、③については特殊作戦部隊、④については陸上構成部隊と水陸両用戦部隊が、それぞれ中心となって担当する作戦計画を作ることになります。

たとえば、④について上陸候補地点Ａ、Ｂ、Ｃがあったとして、分析の結果、主力の上陸地点をＡとＢとして行動方針を検討する場合、それぞれCOA-1、COA-2とします。さらに、それぞれに陽動目的の部隊の上陸地点を加える場合、その選択肢ごとに２桁の番号を以下のようにつけていきます。

COA - 1：主力上陸がＡ地点の場合
　　陽動Ｂ地点はCOA - 11
　　陽動Ｃ地点はCOA - 12
COA - 2：主力上陸Ｂ地点の場合
　　陽動Ａ地点はCOA - 21
　　陽動Ｃ地点はCOA - 22

作戦指揮の本質

示された「作戦アプローチ」の中には、統合部隊*指揮官の問題解決のためのおおまかな考え方が示されていますから、COAの検討にあたり、４Ｗ１Ｈ（誰が、いつ、どこで、どんな行動を、どのように実施）が明らかになるように細部を検討して行きます。その際の要件は以下のとおりです。

①指揮官の指針の範囲内で使命を達成できること
②予期せぬ事態にも柔軟に対処できること

③部隊に最大限の「行動の自由」を与えること
④行動終了時に部隊を作戦*の次の段階に対応できる状態に置くこと

作戦を遂行する中で敵の動きに対応しながら、次のCOAを考え、最善の方針を選択し続けていくのが作戦指揮の本質です。これは戦略*、作戦*、戦術*の各レベルに共通です。逆にとるべき選択肢がなくなった時が囲碁や将棋でいう「投了」（敗北）となります。したがって、上記の要件の中で②〜④はとくに重要です。

基本的なCOA案の作成ステップは以下のとおりです。⑦以外は必ずしもこの順番で実施されるとは限らず、一部は循環的に検討されます。

① 暫定COAを作成する
② 暫定COAをフェーズ*に区分する
③ 任務編成*を決定する
④ 作戦区域*を定義する
⑤ 暫定COAをテストする
⑥ 検討結果をブリーフィングし、統合部隊指揮官の指針を得る
⑦ 計画指示を出す

「暫定COA」を作成する［JOPPステップ3-①］

暫定COAには、おおまかながらも部隊の行動に関する明確な説明が含まれます。暫定COAは、後述する「妥当性テスト」「分析」「ウォーゲーム*」「比較のプロセス」によってふるいにかけられます。

マンパワーが十分にあれば、複数の検討チームによる並行作業で検討時間を短縮できそうに思えますが、実際にはチーム間で検討内容が重複したり、専門的知見を持つ幕僚・専門家が分散してしまうため、結局は単一チームにより１つひとつCOAを検討する逐次の検討方式がとられることが多くなります。この場合、検討チームが「集団思考」をはじめとする意思決定の「落とし穴」にはまり込まないように注意します。（第６章第２節）

COAの検討にはさまざまな手法がありますが、ここでは「遡行計画方

式（Backward planning）」を用いた前進基地を活用して部隊を展開する作戦を例に説明しましょう。

① エンドステートが達成された場合の作戦終結時に必要な部隊とそれぞれの位置と任務*を図示します。

② 各部隊が、想定される前進基地から①の作戦終結時の位置に至るまでに達成すべきすべての任務を明らかにします。これは「機動計画（Maneuver plan）」のもとになります。

③ ②の機動が、想定される前進基地から実施できるかを検討し、必要に応じて前進基地の見直しを行ない、「展開基地計画（Basing plan）」を決めます。

④ 各部隊の前進基地（根拠地）への展開の仕方と展開までに達成すべき任務を明らかにして、「展開計画（Deployment plan）」を作ります。

⑤ 予定されている部隊が、指揮官から与えられたすべての任務を達成できるかどうかを確認し、必要に応じて部隊を増減します。

⑥ 施設整備にあたる工兵部隊や防護部隊を先行させるなど、部隊の役割を考慮して前進基地や作戦区域への展開順を決定します。

⑦ 以上を踏まえて部隊の運用、主要な任務とその順序、継戦要領、指揮関係を決定します。

「フェーズ」に区分する ［JOPPステップ3-②］

暫定COAが導かれたら、まず敵と友軍の重心*、とくに決定的脆弱性*と決勝点*に焦点が当たっているかを再確認します。作戦が複数の部分作戦からなる場合は、「同時並行式」「逐次式」あるいはその「組み合せ式」のいずれかに決定します。

次に作戦全体の流れを考えてフェーズ*に区分します。さらに各部隊の任務に関して兵力、作戦資材の所要をまとめるとともに、時間、場所、行動の目的*に着目して「共通項」をくくるなどして同期化*を検討します。

最後に、これらの検討結果をまとめて指揮統制、情報、火力、機動、部隊防護、補給を含む機能面から検討してフェーズ区分が成り立つかどうかを確認します。

「任務編成」と指揮関係の決定 ［JOPPステップ3-③］

統合部隊を編成する際には、ほかの部隊から臨時に必要な部隊を派遣してもらい、特別部隊として編成します。これを「任務編成*（Task organization）」といいます。

「任務編成」は次のように行ないます。

1）フェーズを通じて主作戦を一体的に遂行する「軍種別構成部隊」と必要時に特定の機能を提供する「機能別構成部隊」の組み合せを基本に考えます。

2）部隊編成の変更は、フェーズの移行時に行なうことを基本として、この際に各部隊指揮官の権限と責務、指揮関係も同時に変更します。

3）部隊の規模や任務、フェーズ移行時の編成の変更（いずれ分割される部隊をあらかじめ別の編成にしておくなど）などを考慮して、TF-TG-TU-TEと階層化します（図2参照）。

4）統合部隊司令部だけでなく機能別構成部隊司令部の幕僚も構成部隊の軍種を反映した統合編成とします。

「任務編成」を決定したら、「軍種別構成部隊」および「機能別構成部隊」ごとの使命と任務を確定させます。同時に各構成部隊間の関係を明確にするため、支援（supporting）部隊と被支援（supported）部隊の関係（組み合わせ）を指定します。

統合任務部隊*においては、統合部隊指揮官は被支援指揮官（Supported commander）となり、ほかの構成部隊指揮官は支援指揮官（Supporting Commander）となります。被支援指揮官は、作戦計画および作戦命令の作成に責任を負います。

兵力、作戦上の支援、作戦資材の支援を受ける部隊が被支援部隊（Supported command/unit）ですが、被支援側は、支援部隊（Supporting command/unit）に対して必要とする支援内容を理解させる責任があります。

次に、作戦構想、作戦の複雑度、必要とされる指揮統制の程度を考慮して、具体的な指揮統制（Command and control）関係を定めます。

この際、統合部隊指揮官が有する指揮権のうち、「作戦統制」と「戦術統制」の区分に従って必要なものを下位の指揮官に委任します。

実際に指揮官が作戦を指揮する際には、作戦遂行に関する意図（Intention messageにより各部隊の動きを具体的に指示します）を随時示すことになります。これにより指揮官の意図を指揮下の部隊に明確に理解させ、分散型作戦遂行（Decentralized execution：下位の指揮官に指揮権の一部を委譲し迅速な対処を追求）と作戦の一貫性を確保します。

１）作戦統制（OPCON：Operational control、オプコン）

部隊の編成と運用、任務の付与、目標*の指示といった広範な指揮権を「委任」します。これにより、たとえば敵部隊の出現に対応して、すでに割り当てられている部隊の一部を小規模な任務部隊として再編成し、敵部隊の攻撃にあたらせることができます。

２）戦術統制（TACON：Tactical control、タッコン）

作戦現場において使命達成に必要とされる戦術的指示を出すことに限定して「委任」します。たとえば味方攻撃機による攻撃に関する戦術統制を委任された場合、攻撃機に対して捕捉している敵攻撃目標を指示することが考えられます。

「暫定COA」をテストする ［JOPPステップ３-⑤］

暫定的な複数のCOA（行動方針）が導き出されたら、次の段階の「ウォーゲーム*」にかける前に、「５つの妥当性テスト」でふるいにかけます。テストのうち、1つでも満たされなければ、必要な修正を加えるか、COAから除外します。

テスト１：ほかの「COA」と弁別できるか？（Distinguishable）

ほかの「COA」と比較して、作戦の焦点、主要な方策、運用する兵力、任務編成で明らかな違いはあるか？

テスト２：「COA」として完全か？ (Complete)

４Ｗ１Ｈ（誰が、いつ、どこで、どんな行動を、どのように実施）を網羅しており、以下の点を含んでいるか？　達成されるべき目標および任務、必要な主要部隊、展開・運用・継戦コンセプト、目標達成の時間的見積り、軍事的エンドステートおよび任務達成クライテリア

テスト３：使命達成に適合しているか？ (Adequate)

敵味方の「重心」（すべての軍事行動が指向すべき点）が考慮され、指揮官の指針の範囲内であるか？また、指揮官の意図に基づいており、すべての「必須任務*」を達成し、与えられた使命を完遂でき、エンドステートの諸条件を満たすことができるか？

テスト４：実行可能か？ (Feasible)

与えられた時間、場所、兵力、作戦資材の限度内で使命を達成できるか？　ただし、兵力不足が原因で実行不可能と判断されても、検討段階で補充の見込みがあれば除外されない。

テスト５：リスクを受容可能か？ (Acceptable)

指揮官に課せられたさまざまな「制限」を考慮したうえで、得られる成果は、見積られるコストやリスクを正当化できるものか？　なお、この段階では予備的な評価であるが、見積られるリスクが受容不可能と判断されれば除外されることがある。

フォークランド戦争における当初のCOA案は、前述のとおり「補給路の遮断（海空域封鎖）」と「上陸作戦」があり、後者の「上陸作戦」が選ばれました。しかし、海空域封鎖がまったく放棄されたわけではなく、外交交渉中の軍事的圧力をかける手段として、また上陸作戦を支援する手段として実施されました。

テスト１（弁別性）の視点に立てば、「海空域封鎖」と「上陸作戦」は対照的な「COA」になりますが、作戦全体の流れからは二者択一では

なく、主作戦と支援作戦として相互に組み合せるべき局面があったということです。このことは、「妥当性テスト」の適用も注意深く行なう必要があることを示唆しています。

「COA検討結果のブリーフィング［JOPPステップ3-⑥／⑦］

上記の手順を踏んで選ばれた複数の暫定COAは、統合部隊指揮官にブリーフィングされ、了承を求めます。この段階になると、前述の「使命分析ブリーフィング」の段階よりも「作戦概念*」としてかなり具体化しています。

ブリーフィングを受けた指揮官は以下のような指針を与えて、次のウォーゲームの段階に進む準備をします。

1）暫定COAに対し、「承認」「さらに分析」「修正」「複数COAの組み合せ」「他のCOAの作成指示」のいずれかを決定する。

2）次の「ウォーゲーム」で検討する「MPCOA*」（Most probable COA：最も蓋然性の高い敵のCOA）と「MDCOA*」（Most dangerous COA：最も危険な敵のCOA）を見積り、友軍のCOAの優先順位を決定する。

「COA検討結果ブリーフィング」をもって初期的な「作戦概念」はおおむね完成したことになります。

COA検討結果ブリーフィング（例）

作戦部（J-3部）および計画部（J-5部）

1）背景、紛争の経緯

2）戦略指針

指揮官/部隊に割り当てられた任務、作戦資材
計画指針（110ページ）のアップデート
戦域戦役計画*（TCP*）、関係国との防衛協定
部隊の運用指針、割り当てられた兵力

情報部（J-2部）
３）敵の行動方針（ECOA：最も危険・蓋然性が高い敵のCOA）、強点・弱点
作戦部（J-3部）および計画部（J-5部）
４）既知の事実および仮定*のアップデート
５）使命、指揮官の意図（目的、手段、エンドステート）
６）作戦終結クライテリア*
７）重心分析結果
８）作戦区域
９）フェーズ０（戦略環境構築）に関する進言
10）柔軟抑止選択肢*（FDO*）と望まれる効果*
11）各COAのスケッチおよびフェーズ区分
作戦系列*および非軍事活動系列*
任務編成、部隊ごとの任務付与、指揮統制系統
後方見積りおよび実行可能性
各COAのリスク
12）各COAに対する指示（承認、分析、修正など）（案）
13）指揮官の指針（案）

事例 「イラクの自由作戦」に見る「COA検討結果ブリーフィング」

フランクス中央軍司令官は、検討開始指示から２か月後の２月７日、ブッシュ大統領に具体的な作戦計画の全体像と「衝撃と畏怖（Shock and awe）」の作戦概念を報告したとされます。これは中央軍司令部内の「COA検討結果ブリーフィング」の概要を反映したものだったと思われます。

スライド30枚からなるブリーフィングでは、作戦の全体線表を示し、政軍関係の予定、イラク軍の状況、現地の天候との関係などを示しつつ、ベストの開戦時期は11月から２月末にかけてであり、大きなフェーズ区分（90日－45日－90日）と、追加派遣前のフェーズ０での取り組みの強化を要請したとされています。

図22は、当日のスライドの中の全体線表のイメージです。

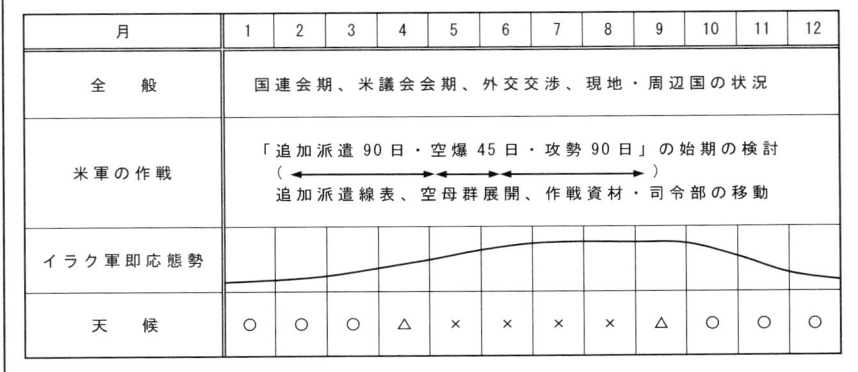

月	1	2	3	4	5	6	7	8	9	10	11	12
全　般	国連会期、米議会会期、外交交渉、現地・周辺国の状況											
米軍の作戦	「追加派遣 90 日・空爆 45 日・攻勢 90 日」の始期の検討 （←→←→←→） 追加派遣線表、空母群展開、作戦資材・司令部の移動											
イラク軍即応態勢												
天　候	○	○	○	△	×	×	×	×	△	○	○	○

図22「イラクの自由作戦」の作戦概念における全体線表（推測）（『Plan of Attack』pp.98-100にもとづき著者作成）

2）「ウォーゲーム」でCOAを分析・比較する［JOPPステップ4］

「ウォーゲーム」を活用する米軍

「妥当性テスト」をパスした複数のCOA案は、「ウォーゲーム」で分析・比較されます。

「ウォーゲーム」とは、図上演習、図上シミュレーションのことで、米軍では長年にわたり海軍大学で研究され、成果を上げてきました。

戦後、ニミッツ米太平洋艦隊司令長官は、「日本との戦争は、海軍大学で繰り返し多くの人員とさまざまな方法でウォーゲームが重ねられていた結果、戦争中驚くことは何もなかった。……神風戦術を唯一の例外として、我々が見通していなかったことは何もない」と語ったことはすでに紹介しました。

日本でも、同様の研究は兵棋（へいき）演習として行なわれており、幾多のエピソードが残っています。その中に、昭和16年夏、総理大臣直轄の企画院総力戦研究所で行なわれた様子が、猪瀬直樹著『空気と戦争』に収められています。

「ありとあらゆる官庁の三十代の俊才、軍人、マスコミ、学者、三十六名が集められて、もし日米戦わばどのような結果になるか、自由に研究せよというテーマが与えられた。八月に結論が出た。緒戦は勝つであろう。しかしながら、やがて国力、物量の差が明らかになって、最終的にはソビエトの参戦という形でこの戦争は必ず負ける、よって日米は決して戦ってはならないという結論が出て、八月二十七日に、当時の近衛内閣、閣僚の前でその結果が発表されるのであります。

それを聞いた東條陸軍大臣は何と言ったか。まさしく机上の空論である。日露戦争も最初から勝てると思ってやったわけではない、三国干渉があってやむを得ず立ち上がったのである、戦というのは意外なことが起こってそれで勝敗が決するのであって、諸君はそのようなことを考慮していない、この研究の成果は決して口外しないようにと言って終わるわけですね」

このエピソードだけで決めつけることはできませんが、日本軍が行なったほかの机上演習を見ても、戦う前に可能な限りの検討を尽くし、それを作戦計画に反映させるという「ウォーゲーム」の発想に乏しかったことがわかります。「ウォーゲーム」に対する考え方には日米で大きな認識の差があったようです。

米軍の現行の「統合ドクトリン」においても計画作成作業における「ウォーゲーム」の活用が重視されています。

「ウォーゲーム」実施のポイント

COA（行動方針）の分析では、さまざまなウォーゲームの手法が用いられます。共通するのは、最も蓋然性の高い敵のMPCOA（Most probable COA）と最も危険なMDCOA（Most dangerous COA）に友軍の「暫定COA」を対抗させ、「アクション（行動）」「リアクション（対応行動）」「カウンターリアクション（対対応行動）」をシミュレーションして作戦の推移を視覚化することです。

時間的制約が厳しいときには、最低限の分析として「実行可能性」と生じ得る結果の「受容可能性」の２つに重点を置いて分析し、COAを決定してしまうこともあります。

従来は「ウォーゲーム」を用いない方法でCOAを比較することが多く、使命との「適合性」、実行の「可能性」、結果の「受容性」の３つの比較項目についてCOAごとに点数をつけたり、「○×△」をつけたりして比較する方法がとられていました。この手法は紙と鉛筆さえあればできるので、一般の仕事でも、日常生活でも、選択肢の中から方針を決めるときには応用できます。

さて、COAの分析に用いられる「ウォーゲーム」は、副次的な効果も期待できます。たとえばゲームの参加者が作戦に対する理解を深め、見過ごされていた検討事項を発見し改善につながるというのは大きなメリットです。さらに生起する可能性のある事象に事前に習熟することができるというのも他の手段ではなかなか実現できないものです。

COAの分析と比較は、次のステップを踏んで行なわれます。

① 評価クライテリアを決める
② 決定的イベント*（作戦中の最も重要な局面）を特定する
③ ウォーゲームの方式を決める
④ ウォーゲームを実施する
⑤ 成果をまとめる

暫定COAの分析は、時間の制約がなくてもなかなか手間のかかるものです。作戦の目的や性格に応じた適切な評価クライテリアを定めてメリハリをつけた分析を心がけます。気をつけるべきは「分析のための分析」にならないことです。

また、計画作業全体の時間は制限されているのが普通ですから、JOPP*のすべての手続きを丁寧に踏んで時間切れにならないように、ウォーゲームにかける時間を逆算して重要度の低いステップは簡単にすませなければなりません。

「評価クライテリア」を決める ［JOPPステップ４-①］

ウォーゲームを開始する前に最善のCOAを選ぶための「評価クライテリア」を決めます。これにより、ウォーゲームの焦点を絞り、効果的なゲームができます。この「評価クライテリア」は「作戦評価」のクライテリア（105ページ）としても有用です。

この「評価クライテリア」には、指揮官が使命達成上重要と考える項目が含まれますが、「作戦」「フェーズ」「部隊」ごとに異なり、以下のようなものが考えられます。

1）フェーズ0（抑止*のための環境条件を構築する段階）

作戦環境の構築への貢献度はどうか？

多国間作戦に焦点があたっているか？

2）フェーズ1（抑止段階）

柔軟抑止選択肢*（FDO）との連携が緊密・円滑に行なえるか？

奇襲防止、部隊防護は万全か？

3）フェーズ2（主動*の獲得）

敵の「重心」を撃破できるか？

作戦時間の長短、人的損害の多寡、後方支援の負担はどうか？

4）フェーズ3（戦場の支配）

「決定的イベント」における主動を維持できるか？

継戦能力の余裕を維持できるか？

「決定的イベント」を特定する ［JOPPステップ4-②］

ウォーゲームでの焦点を絞るため、作戦中最も重要な局面を「決定的イベント」として特定します。

決定的イベント（Known critical events）とは、必須任務の使命達成に重要なイベント（例：敵主力部隊の撃破、敵根拠地の占領）や実施される作戦の中で、その複雑さから一段掘り下げた分析を要するもの（例：上陸作戦における上陸時の一連の構成部隊の行動）を指します。

さらに構成部隊のフェーズを通じての作戦（例：占領フェーズ）や一定期間（例：C-day〔部隊展開開始日〕からD-day〔作戦開始日〕）の作戦も対象となります。

「ウォーゲーム」の方式を決める［JOPPステップ4-③］

ウォーゲームにおける「評価クライテリア」と「決定的イベント」が決まったら、指揮官の方針、ウォーゲームに充てられる時間と資源、参加者の専門知識のレベル、シミュレーションモデルの使用の可否を考慮してウォーゲームの方式を決めます。

分析の対象は、優先順位をつけたCOAであり、それぞれに敵のMDCOA（最も危険な敵のCOA）とMPCOA（最も蓋然性の高いCOA）を対抗させます。

最も簡素なやり方としては、アクション（行動）に対するリアクション（対応行動）、さらにカウンターリアクション（対対応行動）を分析、記述し、必要な兵力、所要時間を書き出すだけの「ナラティブ法」（記述法）があります。

これらに加えて、敵・味方部隊の動きを図示する作戦図とその説明文を加える「スケッチノート法」があり、作戦レベルの司令部ではこの方法が一般的です。

コンピュータを活用したモデリングとシミュレーションによる高度なウォーゲームもありますが、ここでは触れません。

以下、一般に用いられる「スケッチノート法」を念頭に３種類の分析方式について説明します。

１）タイムライン分析（Deliberate timeline analysis）

作戦行動を時間軸に沿って一定時間刻みに通しで検討する手法。時間的余裕がある場合に実施。

２）作戦フェーズ分析（Operational phasing analysis）

各フェーズに着目して、COA分析の評価クライテリアを適用し、機能別作戦、構成部隊ごとの主要な作戦行動を検討。

３）決定的イベント／必須任務シークエンス分析（Critical events/ Sequence of essential tasks analysis）

COAの決定的イベントや必須任務のシークエンス（作戦行動の実施順序）に着目して、機能別作戦、JTF*（統合任務部隊*）の構成部隊ごとの主要な作戦行動とその課題を明らかにする。最も一般的な手法。

「ウォーゲーム」の実施＜JOPPステップ4-④⑤＞

ウォーゲームの実施に先立ち、敵の行動を模擬する「レッドセル（Red Cell）」（第6章の「レッドチーム」とは異なり、もっぱら敵の行動を模擬する役割を担います）をJ-2（情報）部と専門家の支援を得て編成します。

さらに計画に通暁したベテランによる「ホワイトチーム（White Team）」を編成することがあります。これはウォーゲームが不必要に立ち往生したり、論争に陥ったりすることを防ぐ仲裁人の役目を果たします。

ウォーゲームの手順は以下のとおりです。

① ゲームの進行役（Facilitator）とレッドチーム（後述）のリーダーはゲームの規則について取り決めます。開始に先立ち、進行役はゲーム参加者全員にゲームで取り扱う「決定的イベント」とゲームの方式、分析方式について周知し、両軍の配置、ISR（警戒監視）能力、作戦環境構築の状況（フェーズ0）について確認します。

② ゲームは進行役の指定する敵／友軍の攻撃／防御行動をともなう事象から開始します。ゲームは通常3イベント程度で構成されますが、進行役は、必要に応じてイベントを延長・追加できます。

③ 参加者は、ゲームを通じてCOA（行動方針）の実行可能性と使命の達成度を継続的に評価し、兵力、特定機能、後方支援の過不足、作戦区域の適否、フェーズ区分について検討します。

不具合が生じてもゲーム進行中にはCOAを修正しないようにします。どうしても修正する必要が生じた場合、ゲームをいったん止め、修正後のCOAで最初からやり直します。

④ ゲーム中は、友軍のCOAと敵のCOAの対抗に集中し、冷静にその強点、弱点を見極めます。ゲーム途中で友軍のCOA同士の優劣を比較したり、特定のCOAに執着したりしないようにします。

⑤ 統合任務部隊レベルのゲームであれば、1つのCOAに最長6～8時間程度を標準とし、進行役は時間を厳守して必要な数のCOAの検討を終了させます。

⑥「同期化マトリックス」（Synchronization matrix）（図23－3）はゲーム結果を記録し、意思決定を支援するツールです。主要なゲーム結果

を、決心点、仮の評価クライテリア、CCIR*（重要情報要求*）、COA修正案、分岐策、事後策*についてまとめ、マトリックスを用いて友軍COAを時間と場所について敵軍COAと関連付けます。

⑦ ゲームが終了し、マトリックスが埋まったら、骨子だけだったCOAに肉付けして、具体的な指示・命令が起案できる程度まで具体化します。

成果をまとめる [JOPPステップ4-⑥]

ゲームの成果物として以下の項目についてまとめます。

1）ゲームで使用したCOAの図示とその説明（分岐策*と事後策*を含む）（図23－1および23-2）

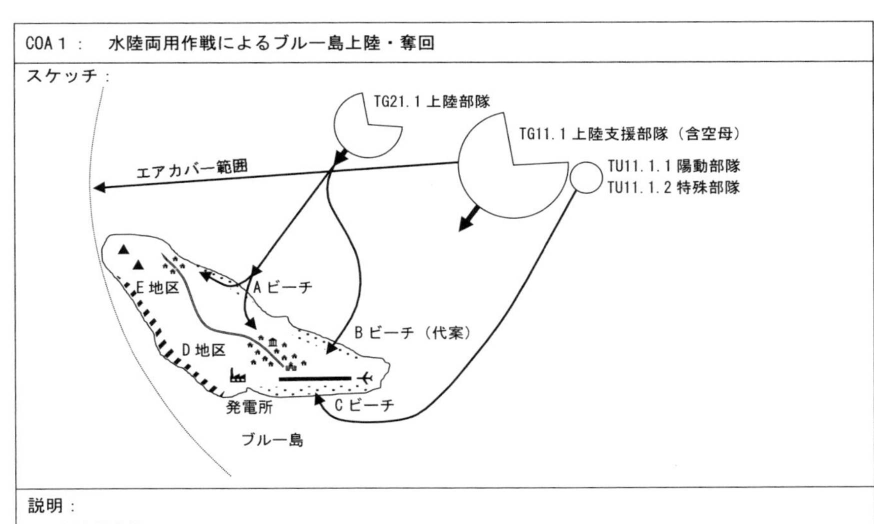

説明：

1　上陸前作戦
- TG11.1　艦載機による航空優勢の獲得、海上優勢の獲得
- TU11.1.2　特殊部隊は先行上陸し、指揮命令機能、飛行場の配備機を破壊
- TG21.1　上陸地点の最終決定

2　上陸作戦
- TU11.1.1　陽動作戦としてCビーチに上陸、発電所、飛行場襲撃
- TG21.1　上陸部隊はA（B）ビーチに上陸、D、E地区へ移動、確保
- TG11.1　上陸部隊の支援

3　占　領
- …

図23-1 ウォーゲーム成果物：COAスケッチ (Joint Operation Planning Process (JOPP) Workbook, Fig 2-2 “Example COA Sketch and Statement”にもとづき著者作成)

2）指揮官の評価クライテリア

3）任務編成

4）決定的イベントと決心点*

5）新たに判明した兵力の過不足

6）再検討されたCCIRおよびCOAスケッチ（図23-1）

7）決心支援マトリックス*（DSM：Decision support matrix）（図23-2）

8）肉付けした同期化マトリックス（図23-3）

9）再検討された各種の見積り

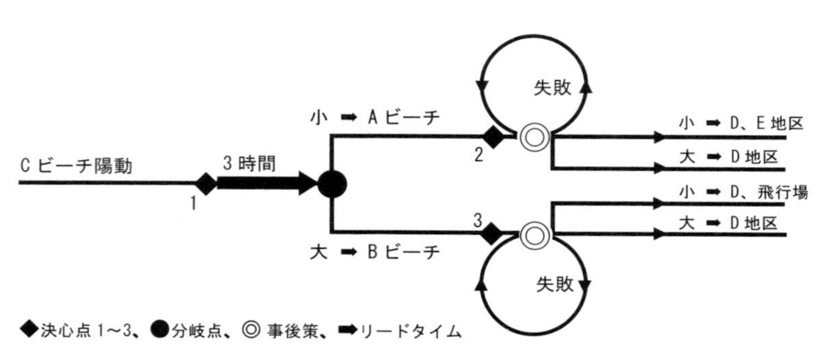

決心点	クライテリア (PIR、FFIR)	行動内容	時間的制約	リスク
1	・敵のA,Bビーチの防備態勢はどうか？ ・Cビーチ陽動の敵の抵抗はどうか？ なし、小 ➡ Aビーチ 大 ➡ Bビーチ	主隊上陸地点の変更	上陸予定時刻の3時間前に決心	天　候 先行上陸C2破壊 敵の欺瞞
2	・敵の防備態勢はどうか？ ・Aビーチ上陸時の敵の抵抗はどうか？ なし、小 ➡ D、E地区へ前進、確保 大 ➡ D地区へ前進、確保 失敗 ➡ 部隊収容	陽動部隊との連携 上陸後の前進、確保先の変更	前進の場合、なし 失敗の場合、部隊被害○%時	天　候 敵の欺瞞
3	・敵の防備態勢はどうか？ ・Bビーチ上陸時の敵の抵抗はどうか？ なし、小 ➡ D、飛行場へ前進、確保 大 ➡ D地区へ前進、確保 失敗 ➡ 部隊収容	陽動部隊との連携 上陸後の前進、確保先の変更	前進の場合、なし 失敗の場合、部隊被害○%時	天　候 敵の欺瞞

PIR: 優先情報要求、FFIR: 友軍情報要求

図23-2 ウォーゲーム成果物：決心支援マトリックス（Joint Operation Planning Process (JOPP) Workbook, Fig 3-1 "Example War Game Worksheet"にもとづき著者作成）

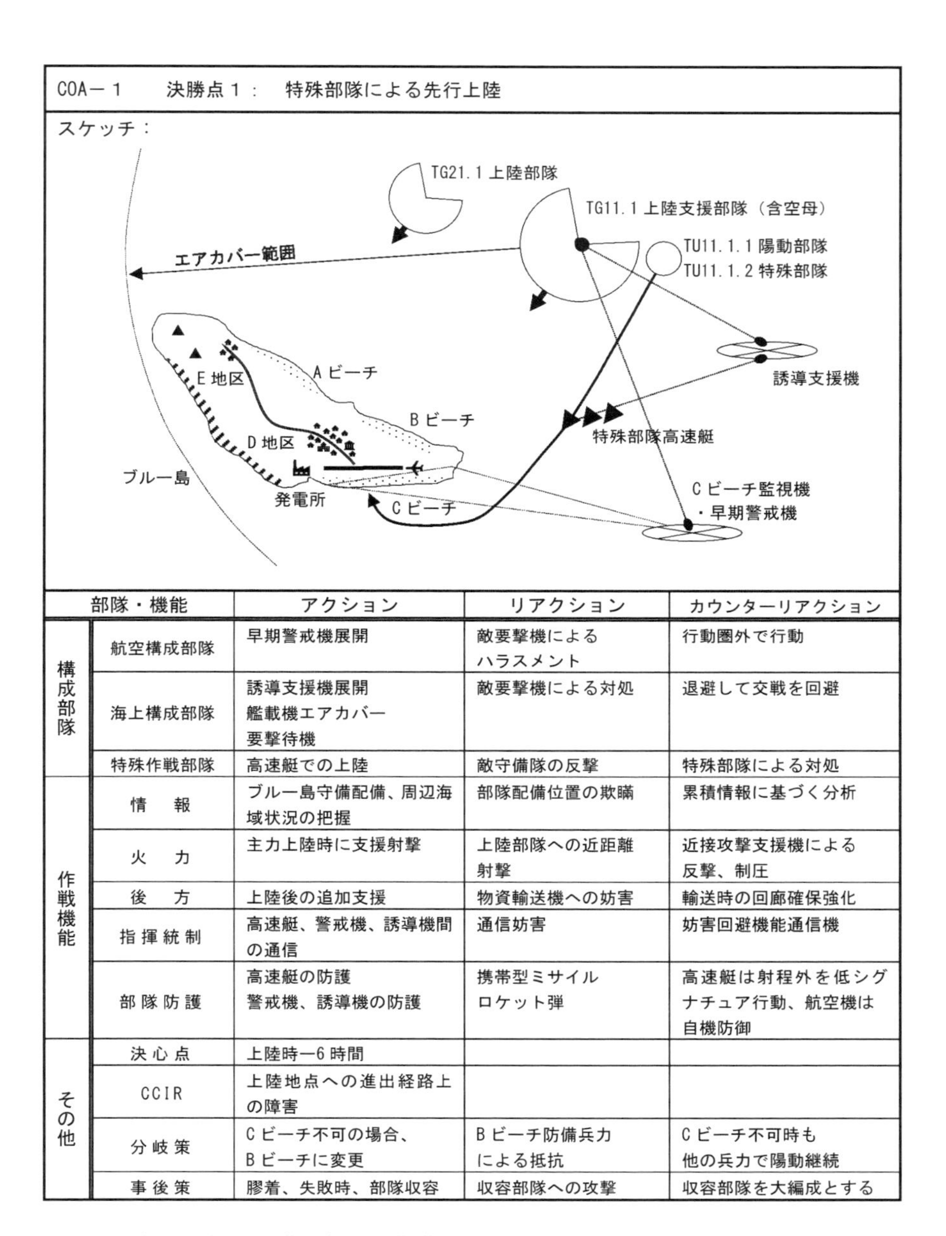

部隊・機能		アクション	リアクション	カウンターリアクション
構成部隊	航空構成部隊	早期警戒機展開	敵要撃機による ハラスメント	行動圏外で行動
	海上構成部隊	誘導支援機展開 艦載機エアカバー 要撃待機	敵要撃機による対処	退避して交戦を回避
	特殊作戦部隊	高速艇での上陸	敵守備隊の反撃	特殊部隊による対処
作戦機能	情　報	ブルー島守備配備、周辺海域状況の把握	部隊配備位置の欺瞞	累積情報に基づく分析
	火　力	主力上陸時に支援射撃	上陸部隊への近距離 射撃	近接攻撃支援機による 反撃、制圧
	後　方	上陸後の追加支援	物資輸送機への妨害	輸送時の回廊確保強化
	指揮統制	高速艇、警戒機、誘導機間の通信	通信妨害	妨害回避機能通信機
	部隊防護	高速艇の防護 警戒機、誘導機の防護	携帯型ミサイル ロケット弾	高速艇は射程外を低シグナチュア行動、航空機は自機防御
その他	決心点	上陸時―6時間		
	CCIR	上陸地点への進出経路上の障害		
	分岐策	Ｃビーチ不可の場合、 Ｂビーチに変更	Ｂビーチ防備兵力 による抵抗	Ｃビーチ不可時も 他の兵力で陽動継続
	事後策	膠着、失敗時、部隊収容	収容部隊への攻撃	収容部隊を大編成とする

図23-3 ウォーゲーム成果物：同期化マトリックス（Joint Operation Planning Process (JOPP) Workbook, Fig 3-2 "Example War Game Synchronization Matrix"にもとづき著者作成）

3）COAを比較して決定する［JOPPステップ5、6］

ウォーゲームの結果、各COA（行動方針）の目的、手段、方法、リスク、強点、弱点が明確になります。そこで改めて評価／比較クライテリアを吟味し、ECOA（敵のCOA）に対抗して最善の結果をもたらすCOAを選択します。

評価/比較クライテリアを再検討して決定する［JOPPステップ5-①］

指揮官自らクライテリアを示す場合もありますが、一般的には各幕僚部がそれぞれの検討プロセスで使用してきたクライテリアおよびウォーゲームで使用した比較クライテリアを列挙したうえで、以下のような観点から最善のCOAを選択するためのクライテリアを決定します。

1）作戦固有の状況に適合しているか？

2）指揮官の指針に合致しているか？

3）作戦に内在している重要要素（政治・社会、リスク、コスト、関係国・関係省庁との調整事項）を反映しているか？

4）各幕僚部が重視する機能や要素を評価できるか？

なお、クライテリアを決定するにあたり、次の点に留意します。

1）主観を排し解釈に幅が出ないよう正確な用語で定義します。

2）ウォーゲームですでに明らかになったCOA固有の強点・弱点に左右されないようにします。

3）クライテリアは各COAに対して同じ基準で適用できるものにします。

COAを比較する［JOPPステップ5-②］

COAはマトリックスを使用して以下の手法で比較します。比較は主に点数化により行なわれますが、指揮官の「作戦術*」が発揮される重要な決心事項であり、単なる数字の比較にならないように留意します。

たとえば、奇襲防止を重視するならば、その「重み付け」を大きくしたり、迅速な戦果を得ることを重視するならば作戦時間の「重み付け」を大きくするなど、指揮官の重点の置き方で評価は変わる可能性があります。クライテリアの設定とその「重み付け（加重点）」は、まさに指揮官の「作戦術」の真価が問われる場面といえます。

1）加重数値比較法

クライテリアごとの評点に加えて、重要度に応じた加重点を加味する方法。評点と加重点の積を合計してCOAを比較する方法で、最も一般的な方法です。

分野別の評点は、担当する幕僚部がそれぞれのクライテリアに基づいてつけ、加重点は指揮官の指針などから相対的に判断してつけることになります。COAの合計点は、評点、加重点のつけ方によって大きく影響を受けることから、幕僚長がクライテリアとその評点、加重点の一貫性を総合的に判断したうえで指揮官に進言するのが一般的です。

図24-1の例ではCOA-1と2では加重合計の差はわずか1点ですので、指揮官は単純にCOA-1に決定するのではなく、改めてウォーゲームの結果を考慮したり、各クライテリアとその加重点を再検討して決定することになるでしょう。

クライテリア	加重点	COA 1		COA 2		COA 3	
		点数	積	点数	積	点数	積
機動の発揮	2	3	6	2	4	1	2
重心への攻撃	3	3	9	2	6	1	3
所要時間	2	2	4	3	6	1	2
欺瞞	2	1	2	2	4	3	6
柔軟性	2	1	2	1	2	2	4
輸送力発揮	1	3	3	3	3	1	1
合計		13		13		9	
加重合計			26		25		18

図24-1 COA比較：加重数値比較法の例（JP5-0, Fig G-1 “Example Numerical Comparison”にもとづき著者作成）

2）ナラティブまたは箇条書き比較法

各COAについてクライテリアごとに強点・弱点を書き出し比較します。クライテリアの数が少ない時には使いやすい方法です（図24-2）。

3）プラスマイナス比較法

各クライテリアについて、望ましいものは「＋」、望ましくないものは「－」、中立ならば「０」としてCOAを比較する方法です。この方法は比較するCOAが２つしかなく、単純な行動で白黒つけやすい時には便利です。もちろん各クライテリアに「重み付け」することも可能です（図24-3）。

クライテリア	COA　1		COA　2		COA　3	
安全確保	○		×		△	
	強点 …	弱点 …	強点 …	弱点 …	強点 …	弱点 …
ROE 遵守	△		△		○	
	強点 …	弱点 …	強点 …	弱点 …	強点 …	弱点 …

図24-2 COA比較：ナラティブまたは箇条書き比較法（NEOの例）（JP 5-0, Fig G-3 "Criteria for Strengths and Weaknesses Example"にもとづき著者作成）

クライテリア	COA　1	COA　2
死傷者見積り	＋	－
後送手段	－	＋
医療態勢	0	0
柔　軟　性	＋	－

図24-3 COA比較：プラスマイナス比較法（医療支援の例）（JP5-0, Fig G-1 "Example Numerical Comparison"にもとづき著者作成）

COA（行動方針）を決定する ［JOPPステップ6-①②③④］

比較作業が終了したら、幕僚は指揮官に対して「COA比較分析」の結果を報告し、最善のCOAを進言します。

指揮官は、ウォーゲームの結果に加え、必要に応じて評価の根拠になったOR（Operations Research：オペレーションズ・リサーチ、資源を有効に利用して目的を最大限に達成するための意思決定を数学的・科学的に行なう手法）結果を含むほかの幕僚見積りも参照し、ウォーゲームの分析範囲の限界や分析から漏れている要因も考慮したうえでCOAを決定します。

その際、以下のような個々のクライテリアに含まれない作戦全体の流れを考慮した「総合的な観点」を加味することもあります。

1）部隊と使命（目的と任務）に対するリスクを受容可能なレベルまで軽減できるか？

2）部隊を「将来作戦*」（後述）に応じられる態勢に保てるか？

3）指揮下部隊の「主動」を発揮できるか？

4）予期しない脅威や好機に対応できる柔軟性を発揮できるか？

このような手順を経てCOAが決定されます。JOPPでは、軍事作戦に関する決定の透明性、説明責任、以後のCOA修正の判断材料を残す観点から次のような決定のステップを規定しています。

1）COA決定ブリーフィングの実施

幕僚は、COA比較分析の結果を指揮官に報告します。

2）指揮官によるCOAの選定と修正

指揮官は、幕僚の進言や部下指揮官からの意見も考慮し、独自の分析、経験、直感も踏まえてCOAを修正し、選定します。

3）選定されたCOAの最終確認

上級指揮官の意図との適合性、実行可能性、リスクの受容可能性を確認して最終的にCOAとして決定します。

4）「指揮官見積り*」の作成と配布

指揮官の使命達成の方策とそのための計画立案に必要な事項を簡潔

に記述した「指揮官見積り（Commander's estimate）様式」を作成し、関係する部隊に示します。時間的な余裕がない場合は、指揮官会議において口頭で示されることもあります。この「指揮官見積り」は、以後「作戦概念（Concept of operations）」として扱われます。

「COA」決定の留意点

COAの選定にあたり留意すべき点は、まずCOAの「折衷案」に対する「誘惑」が挙げられます。

初期の作戦アプローチの検討段階から主導してきた指揮官でも、下位指揮官の強い要望を受けたり、眼前の作戦状況に影響されたりして計画作業の最終段階で２つのCOAの「折衷案」の可能性を考えてしまうことがあります。迷うと足して２で割ったり、両方採用したりする指揮官もいるかもしれません。

これは禁物であるといわざるを得ません。なぜなら、それぞれのCOAには裏付けとなる後方支援がセットで検討されているからです。COAには複数の選択肢がありますが、後方支援能力は全体として一定であり、それを時間と空間の中で振り向けるだけです。したがって複数のCOAを組み合せて一見うまくいきそうな作戦であっても、後方支援は改めて検討し直さなければなりません。

1944年６月、連合軍はノルマンディーに上陸し、反攻作戦を開始しました。フランスを解放しドイツ領を目指したアイゼンハワー最高司令官は米軍と英軍の方針の折衷案を採用してしまいました。そのおかげで、戦車の燃料補給が受けられなくなり、部隊が動けなくなった「猛将」パットンは「（食料不足は）ベルトだって食ってやる、俺たちにガソリンをよこせ！」と激怒したのは有名な話です。

もう１つの問題は、複数のCOAの折衷案の場合、作戦目標が統一できるか、目標系列*は不明確にならないかという点です。「二兎を追う者は一兎をも得ず」ということわざがありますが、作戦の場合はさらに厳しく、「二兎を追えば身を滅ぼす」と言われています。

同時に２つ以上の目標を達成できそうに思えても、そこには慢心や敵の下算が潜んでいる可能性があり、自戒すべきです。一石二鳥などという名案は結果的にそうなったのであって初めから狙って成功するものではないと海軍の先輩が教えています。

折衷案をとるのであれば、検討プロセスを遡って最も適合した後方支援や部隊編成をセットにした別個のCOA案として改めて検討すべきです。

さらに考えるべきことは、「下策も上策となりうる」ということです。戦国時代の話になりますが、武田信玄と上杉謙信との間で戦われた川中島の合戦（1561年）で、謙信は部下に作戦を提案させ、上策、中策、下策に分けたうえで、「上策はわれしばしばこれを用いたり、中策は信玄これを知りつらん。われ今下策をとらんとす」として、下策とされた作戦を採用し、武田軍の裏をかいて緒戦を制しました。

戦いそのものは両者互角でしたが、下策も時には上策となりうる一例で、兵術の融通無碍な不可思議性を示すものとして知られています。

幕僚の考え抜いた進言をもとに自らの経験則や直感を活かして決断するのが指揮官の存在意義です。孫子の「兵に常勢無く、水に常形無し」という教えを忘れてはなりません。

最後に、勝算の乏しい作戦の実施について考えてみます。状況によっては、勝算のない作戦をやることがあるか？と問われたら、囮部隊の作戦や、主力部隊の好機を作為するための陽動牽制作戦のような場合にはある、といえるでしょう。

ただし、これらは基本的に戦術レベルの作戦であって、一国の運命を左右する戦略レベルや作戦レベルで、勝算のない作戦を試みることは禁物と言えるでしょう。

4）計画と命令を作成する

計画の作成［JOPPステップ7-①②③］

COA（行動方針）が決定され、指揮官見積り（作戦概念）が示されたあと、平時の予測事態対処計画作業であれば計画作業が続行されますが、危機発生時の計画作業*の場合は、ただちに行動を起こせるように作戦命令（OPORD）（付録2）の起案が開始されます。

いずれの場合も、指揮官見積り（作戦概念）に基づき、指揮下の部隊の支援を得ながら以下のような関連計画に関する作業が実施されます。

1）兵力計画：

作戦に必要な兵力の割り当てを規定します。

2）支援計画：

情報、海洋気象、後方、輸送、整備、施設、人事、広報、軍民支援、指揮通信、環境保全、地理情報、宇宙、受入（接受）国支援、医療、報告、省庁間協力、コミュニケーション同期*

3）展開、再展開（撤収）計画：

部隊展開、部隊交代、再展開（撤収）の計画を行ないます。

統合作戦計画の標準様式は付録4のとおりです。ちなみに「イラクの自由作戦」のもとになった「作戦計画1003」は、200ページの本文に加えて20件あまりの付属文書からなる合計600ページほどの文書であったとされています。

関連計画に加えて、部隊展開の細部計画（TPFDD*：Time-phased force and deployment data、ティプフィッド）が完成したら、地域統合軍司令官の了承を得て作戦計画と作戦命令を正式に文書化する手続きに入ります。

統合部隊指揮官は、TPFDDとともに計画、作戦命令を計画担当チームJPEC（Joint Planning and Execution Community：統参本部、地域統合軍司令部および関係省庁から構成）による審査に供し、その結果は統参議長に報告されます。

統参議長は、国防長官に対して計画承認の可否を進言しますが、計画の内容により、承認権者は大統領または国防長官となっています（付録1）。以上で作戦計画が文書として完成したことになります。

命令の作成：5パラグラフ・フォーマット

作戦計画の中身は、項目ごとに「計画受領と同時に発動」「別個の命令により発動」などと記されています。後者の場合は計画を実行に移すための命令が必要となります。

基本的にすべての命令は「5パラグラフ・フォーマット（5-paragraph format）」という様式になります。これは、不完全な指示命令に悩まされていた米軍が1世紀以上かけて改善を続けてきた意思決定方法の基本です。付録4の統合作戦計画標準様式においても、適用可能な部分はこの5パラグラフ・フォーマットを用います。

作戦の規模、複雑さ、時間的余裕、指揮官のレベルによって詳細さや分量は変化するものの、指示、命令において必須の情報を示すための普遍的なフォーマットとなっています。幕僚であれば習慣になるまで訓練され、書面および口頭で常用されます。フォーマットの概要は以下のとおりです。

パラグラフ1：情勢（Situation）

指揮下の部隊が計画された作戦の背景を理解するための情勢の要約で、上級指揮官の意図、友軍、敵の3つの要素について述べるのが基本です。

パラグラフ2：使命（Mission）

指揮官のミッション・ステートメント*（使命を記述したもの）を簡潔かつ明確に示します。

パラグラフ3：実施（Execution）

2段階下位の指揮官まで作戦全体の使命（目的と任務）を共有して行動させられるよう、明確に意図を示し、関係する下位指揮官に使命を付与します。

パラグラフ４：管理および後方（Administration and Logistics）

後方、人事、医務・衛生について必要な事項を示します。

パラグラフ５：指揮統制（Command and Control）

指揮系統、指揮統制に関する下位指揮官への委任事項、指揮官に事故が生じた場合の指揮の継承要領、通信計画を示します。

コラム❹ 作戦のための文章

作戦関係の文章は、海軍以来海上自衛隊においても「簡潔にして明確に」といわれています。

海軍事務処理の「基本精神」ともいえる『海軍各庁処務通則』（明治19年）第二条には「およそ事務を処するは繁文を去り、簡易を主とし、重要の事件は物品の計算書授受交換の証言の如き止むを得ざるものの外は、なるべく文書を用いず、互いに面議して処弁すべし。但し、省外各官庁の如き隔離するものは、面議に代え書信を以てするはその便宜に任すといえども、極めて簡短便捷なるを要す」とあります。

しかし、その海軍でも太平洋戦争の中盤以降になって戦局が不利になると、勇ましい美文調の語句が多くなり、命令の必須要件である「簡潔にして明確」が押しやられ、作戦目的、攻撃目標が明示されないことも少なくなかったようです。千早正隆著『日本海軍の戦略発想』には次のような例があります。

開戦初頭のハワイ作戦の時の命令は「…機動部隊並に先遣部隊は極力其の行動を秘匿しつつハワイ方面に進出、開戦劈頭機動部隊を以て在ハワイ敵艦隊に対し奇襲を決行し之に致命的打撃を与ふると共に先遣部隊を以て敵の出路を扼し極力之を捕捉攻撃せんとす。空襲第１撃をＸ日0330と予定す…」となっており、まさに簡潔かつ明確で作戦の方針が明確に理解できる文章となっています。

これに対し、戦争末期の捷号（しょうごう）作戦時の作戦方針は「…聯合艦隊は陸軍と協同、来攻する敵を捷号決戦海面に邀撃撃滅して、不敗の戦略態勢を確保す。森厳なる統帥に徹し、必勝不敗の信念を堅持し、指揮官陣頭に立ち、万策を尽くしてこの一戦に敵の必滅を期す…」となっており、「不敗の戦略態勢」「必勝不敗の信念」「万策を尽くす」など、具体性を欠いた精神論的、抽象的な表現が目立ちます。

「簡潔と明確」を要件とする命令ですらこのとおりでしたから、指令、指示、訓示となるとこのような傾向はさらに強まり、幕僚は「名文」を書くのに少なからぬ精力を費やし、その結果として通信量の増大を招き、より重要な状況判断が犠牲にされたきらいがありました。

今日、このような「美文」を見ることはまずありませんが、日本語特有の主語の欠落、曖昧な語句や常套句の多用、具体性のない文章の傾向には注意しなければなりません。

また、「イラクの自由作戦」での「作戦計画1003」に見られるように文書による作戦計画の肥大化には留意しなければなりませんが、現状はまだ問題になるほどではありません。

それよりも、概念の視覚化やプレゼンテーション重視の弊害で、体言止めの多用や、テキストボックスを矢印でつなげば事足りるという傾向が見られます。米軍でも“Power Point Ranger”といえば、かつてはスライド作りの名人を指していましたが、最近はこのようなマイナス面を含めた意味で使われることが増えてきたように思います。

5）実行段階へ移行する［JOPPステップ７－④］

「確認ブリーフィング」を実施する

作戦計画が完成したら、起案した命令（案）とともに作戦を担当する部隊に伝達し、作戦開始に向けた状況把握（SA：Situation Awareness）態勢を強化させ、計画段階から実行段階へ移行（Transition）します。

移行段階は、統合部隊指揮官に就任する予定の指揮官から、統合部隊に編成される予定の部隊に対して包括的な「移行ブリーフィング」が行なわれることにより開始されます。

移行段階に入ったら、関係する司令部や部隊が、統合部隊編成時に円滑に作戦の一貫性と同期化が図れるように、指揮通信ネットワークの構築を開始します。情報など所要の部署は先行的に「バトルリズム*」（第５章）を発動することもあります。

移行ブリーフィングを受けた下位の指揮官は上級指揮官に対して、意図の理解状況、自己の任務、意図、他部隊との関係について「確認ブリーフィング（Confirmation brief）」を実施し、認識や計画の不一致がないことを確認します。

移行ブリーフィング後は、準備期間をおいて開戦時期に合わせた移行訓練（Transition Drill）が行なわれ、下位の指揮官や幕僚が計画に対し習熟するために図上演習やリハーサルを行ないます。

事例　イラク戦争とフォークランド戦争での移行段階

「イラクの自由作戦」における移行訓練の様子は次のとおりです。

開戦３か月前、フロリダ州タンパの中央軍司令部要員600人がカタールの新しい現地司令部に移動し、作業を開始しました。新たに200人の支援要員を得た同司令部は、４日間の「インターナル・ルック」演習を実施しましたが、これは予定される作戦の指揮統制に関する机上予行演習でした。

新しい司令部施設と演習は記者団に公開され、「1990年以来、数次にわたって実施されているもので目新しい演習ではない」と説明されましたが、この演習を通じて現地司令部は実戦に向けた貴重な教訓と改善点を把握したことはいうまでもありません。

このような移行訓練と並行して、開戦準備も推進されました。外交を支援するためにTPFDD（部隊展開の細部計画）を見直し、段階的な動員が行なわれたことは前述しましたが、徐々に行なわれたこの動員計画を隠れ蓑に、「フェーズ０」における抑止態勢の構築や部隊展開が推進されました。

なかでも兵力の急派や演習の実施によりイラクに開戦近しと思わせ、翻弄させる「スパイク（Spike）」（グラフの波形の尖頭の意味）は積極的に実施されました。これにより、イラク軍の初動対応策の一部が明らかになったり、イラクの情報機関を「オオカミ少年」化させ、情報見積りを混乱させる効果が期待されました。

こうした「スパイク」は、一方で不測事態を招く懸念もありましたが、現地米軍部隊の即応能力を見極めつつ実施されたため、大きな問題は生じませんでした。

これらの軍の追加派遣や行動は、小さなニュースとして取り上げられることはあっても大きく注目を集めることはなく、４隻目の空母の派遣さえ、あまり関心を集めませんでした。結果的には、「目につくところに隠せ（Hide in plain sight.）」という作戦は成功し、所要の開戦準備は順調に進みました。

このように「イラクの自由作戦」は、アフガニスタンなどでの「不朽の自由作戦」が続くなかで、１年４か月の時間をかけた周到な移行準備がなされました。

一方、フォークランド戦争ではかなり違う展開をたどりました。

1982年４月２日、任務部隊のフォークランド諸島への派遣が閣議決定され、急きょ現場指揮官たちはばらばらに出撃して４月17日に前進基地のアセンション島に到着しました。

任務部隊全体の指揮をとるフィールドハウス海軍大将（本国で指揮）も17日に空路到着し、空母戦闘群ウッドワード海軍少将（旗艦「ハーミーズ」乗艦）、水陸両用群クラップ海軍准将（旗艦「フィアレス」乗艦）、地上群トンプソン海兵隊准将らに、「ハーミーズ」艦上で丸１日かけて、ロンドンで検討された作戦計画をブリーフィングしました。これは英軍の本格作戦開始の２週間前で、まさに「走りながら考える」式の移行作業でした。

なお、このフィールドハウス海軍大将のブリーフィングの前日、各群指揮官の３人は予備的な会議を行ないましたが、この時点では、作戦に関する見解が大きく違うことが明らかになり、17日のブリーフィングでようやく意思統一ができたといわれています。

第４章のまとめ

「ウォーゲーム」を通じて第３章で予測した不確実性の幅を確認します。とくに計画段階で予測し得なかった敵の行動を可能な限り具体的に見積ることが重要です。「既知の未知事項（Known unknown）」を確認して、「未知の未知事項（Unknown unknown）」が明らかになればウォーゲームは成功したといえます。このようなウォーゲームを通じて、COAのスケッチ、決心支援マトリックス、同期化マトリックスなどのツールを入手できることはウォーゲームの重要な利点です。

少数の計画チームの計画作業から全部隊参加による大規模な作業に移行しますから、移行訓練だけではない作戦の実施に備えた全部隊の一体感の強化にも取り組む必要があります。

命令や計画が完成し、作戦実行に向けて移行段階になると、司令部の態勢や指揮官の意思決定サイクルを確立し、一部は先行的に活動を開始しますが、これは第５章で述べます。

第5章
作戦を実行する

この章では、作戦*を実行する作戦司令部の組織や態勢について解説します。「作戦指導*」のあり方、業務処理上の工夫、指揮下の部隊や上級司令部との同期性*を確保する方策、指揮官の意思決定や作戦指導のための４段階サイクルとそれを支援する態勢について説明します。

最後に「作戦指導」にあたっていくつかの留意点について触れます。

1）政治レベルからなされる戦争指導*と作戦司令部が行なう作戦指導*の関係。フォークランド戦争時の軍事顧問は両者を連携させるのに大きな役割を果たしました。

2）効率的な作戦指導のため「作戦水平線*」による並行処理を行ないます。異なるレベルの司令部間の同期性を確保するためには「垂直的統合」という考え方が導入されます。

3）作戦指揮のために機能／ミッション志向型ハイブリッド編成司令部の仕組みがとられています。

4）司令部の効率的業務と部隊を含めた同期性を確保するための「バトルリズム*」の考え方とその確立方法を説明します。

5）指揮官は４段階意思決定サイクル（監視、評価、作戦設計*・作戦計画、指揮）を活用して作戦指揮を行ないます。また作戦実行段階でも作戦設計と計画作業が連続して行なわれます。

6）効果的な作戦指導に求められるポイントとして「事態予測*」「警戒」「指揮官の決断力・直感」があります。

１）戦争指導と作戦指導

フォークランド戦争時の「戦争指導」

これまで作戦の計画作業について述べましたが、いよいよ作戦の実行となります。

作戦*の実行段階における司令部の活動を解説する前に、その前提ともなる「戦争指導*」と「作戦指導*」の違いについて確認しておきます。

作戦レベルの司令部が指揮下部隊の作戦について指導することを「作戦指導」（後述）といい、政治レベルから戦略*・作戦*レベルに指導・指示が行なわれることを「戦争指導」といいます。

フォークランド戦争時の英国の戦争指導は戦時内閣によって行なわれました。戦時内閣では戦争を成功裡に指導するための要件として以下の６項目を挙げ、絶対にやってはならないことは「決断を下さないこと」としていました。

戦時内閣は首相、国防相、外相、内相、情報担当国務相の５人により構成され、各軍参謀長委員会委員長（ルウィン海軍大将）は「軍事顧問」として参加しました。これに交戦規定*（ROE*）を検討する際には法相が加わりました。

１）内閣全体と可能な限り密接で継続的な関係を維持する。

２）効率的な戦争指導のため６人以内の閣僚で構成し、定期的に会合を持ち、決断を下すことに重きを置く。

３）些末な技術的事項に煩わされることなく全般状況の把握に努める。

４）同盟国の態度および必要としているものとその優先順位、ならびに国際機関の動向に常に注意を払う。

５）議会、メディア、一般国民に対しては、可能な限り時宜を得た情報開示を行なう。

６）戦争を回避するためにあらゆる手段を講じることが政治家の最大の責務であることを銘記する。

これらの要件を満たすべくサッチャー戦時内閣はさまざまな「戦争指導」を行ないましたが、そのうち軍事行動全般に関しては、次の３点が指示されました。

１）犠牲者数を局限する。
２）アルゼンチン本土への攻撃は禁止*する。
３）フォークランド諸島上陸時期は政治主導で決定する。

このような全般的な指示に加えて、艦隊の展開、地上部隊の追加派遣、封鎖水域の設定を含む作戦の大きな節目には政治的な決断が下され、それにあわせて交戦規定（ROE）が変更・指示されました。

事例　政治的な「戦争指導」

フォークランド戦争では、予期された作戦の節目以外にも、政治的な理由からさまざまな「戦争指導」がなされました。それらのいくつかは軍事的な合理性からは疑問を呈されたり、批判されたりしました。

このような「戦争指導」が行なわれた理由の第一は、本格的な冬の到来を控えたフォークランド諸島の原状回復を目的*として、国際社会からの停戦の圧力がかかる前にどうしても戦争を早期に決着させる必要があったことです。このような外交的圧力と時間的制約のなかで、政治的な要求や指導が多くなったのはある程度は仕方のないことでした。

また、メディアを通じて英海軍艦艇の沈没シーンを見せられ、地上戦では何の進展もないという不満が英国民の間に高まり、政権に対する支持の低下を招いていたことも挙げられます。

これらを背景として、迅速な作戦、早期の戦果の獲得が重視される状況が生まれ、軍事的には想定していなかった以下のような作戦行動が政治的に求められました。

１）英国の「実力行使も辞さない」という断固たる意志を示すため、フォークランド諸島上陸作戦前の４月25日にサウス・ジョージア島の奪還作戦が行なわれた。主たる上陸作戦の予行、後方策源地の確保という意義は認められるものの、軍上層部は「政治家の気晴らし」と冷ややかに見ていた。
2）犠牲者数の局限という強い政治的要請を反映して、東フォークランド島上陸に先立つ5月14日、英陸軍特殊部隊（SAS: Special Air Service）がペブル島に上陸してアルゼンチン空軍機の発進基地となる空港を破壊する作戦を実施した。
3）5月21日、東フォークランド島のサン・カルロスに上陸し、橋頭堡を確保したばかりの英陸軍部隊は、作戦資材が限られ天候も悪化して進撃が困難な状況のなか、直ちに進撃を開始し戦果を上げるよう指示された。
4）多数の英海軍艦艇が攻撃を受ける状況の下で、英国が戦争に勝利しつつあると国際社会にアピールするため、本来、英軍は東フォークランド島の東側に向かって進撃すべきところを、5月28日、一部の部隊を南下させてグース・グリーンへの攻撃を開始し、戦果を挙げさせた。この作戦は、とりわけ政治的色彩の濃い作戦であったため戦後多くの批判が寄せられた。

戦略レベルで果たす「軍事顧問」の役割

このようにフォークランド戦争では「戦争指導」が多くなされましたが、当初遅れていた軍事的な準備が外交に追いつくにつれて、「軍事」から「外交」に要請する場面も生じ始めました。たとえば、空母戦闘群がフォークランド諸島周辺に到着するタイミング*で完全封鎖水域（TEZ*）を宣言したことなどです。

シャルル・ド・ゴールは「政治家は言葉を考え、軍人は行動を考える」といいましたが、時間、対話、妥協が要求される「外交」と、迅速性、決断力、力が問われる「軍事」の間に葛藤はあったものの、サッチャー戦時内閣は両者をうまく橋渡ししたと評価されました。

とくに「軍事顧問」として戦時内閣に参加したルウィン参謀長委員会議長が政治面の交渉を一手に引き受けたことで、フィールドハウス任務部隊指揮官が「作戦指導」に専念できたことは特筆すべき点です。これは「軍事顧問」が戦略レベルで果たす重要な責務といえます。

このようにフォークランド戦争では、一部政治の「作戦干渉」が見られましたが、「軍事顧問」の働きで軍事的に素人のサッチャー首相は適切な決断を下すことができ、戦時内閣と任務部隊司令部の間できちんと役割を分担できたのです。

「作戦指導」と「バトルリズム」の確立

政治・外交レベルの「戦争指導」は戦略レベルの司令部で受け止め、その政治的な意図については戦略レベルと作戦レベルの司令部間で分析し、具体的な軍事行動として計画します。このプロセスを踏まえて作戦レベルの指揮官は、戦術*レベルの指揮官に指揮、統制、助言、情報提供などの「指導」を行ないます。これを「作戦指導」といいます。

作戦が始まると、作戦レベルの司令部は、24時間休むことない作戦現場（戦術レベル）と、一般の社会生活の中で動く政治・外交との接点を持つ戦略レベルの司令部との間で、緊密な連携をとらなければなりません。このため、関係する組織の間で連絡調整を円滑化し、互いの活動を同期*化するために活動のサイクルを決めることになります。これを「バトルリズム*」といいます。

事例　戦時内閣を中心としたバトルリズム

フォークランド戦争では、サッチャー首相率いる戦時内閣のもとにルウィン海軍大将が議長を務める各軍参謀長委員会が設置されました。前述のようにルウィン大将が軍事顧問として戦時内閣に参加し、そこでの決定事項を各軍参謀長に伝えることになっていました。

当時、現行ドクトリンがいうところの「戦いの階層*」（戦略、作戦、戦術という３つの階層）の考え方は未確立でしたが、いわゆる戦略レベルである任務部隊司令部は、ロンドン郊外の艦隊司令部内に設けられ、各軍参謀長委員会を通じて戦時内閣の指揮を受ける形をとっていました。

主に政治と軍事の調整は、交戦規定（ROE）に関する軍の要請と戦時内閣による承認というプロセスで行なわれました。そのため、各軍の参謀長は、毎朝、ROEに関する要請を決めるために集まり、ノット国防相も参加して情報ブリーフィングおよび報道状況に関する検討なども行なわれました。

この各軍参謀長委員会での提言を受け、ノット国防相とルウィン議長の間で合意された事項が戦時内閣に提出されました。

戦時内閣の会議は、戦争期間中ほぼ毎朝10時に始まるため、各軍参謀長委員会や任務部隊、各軍からのインプットは、そのタイミングに合わせて行なわれました。このようにして、戦時内閣を中心とした「バトルリズム」が作られ、統合部隊*内の各階層の「バトルリズム」もそれに合わせて規定されました。

さらに適切な「作戦指導」のため、司令部が再編成され、24時間連続で活動する現場部隊からの膨大な情報や調整を効率的にさばいて「作戦指導」にフィードバックする「作戦水平線*」（後述）や指揮官の「意思決定サイクル」が導入・活用されました。

2）「作戦水平線」サイクルの発動

連続する情勢を並行して処理する

統合作戦を遂行中の司令部では、変化する情勢を連続的に判断し、効率的な作戦を実施するために「作戦水平線」（Event Horizon）の考え方を採用しています。

「作戦水平線」は、実施中の作戦を「現行作戦*」（Current Operations）、「将来作戦*」（Future operations）、「将来計画*」（Future Plans）の３つの時間枠に分割して処理する考え方で、それぞれを担当するセル（作戦センター内に設置される小規模な組織）を設けることが一

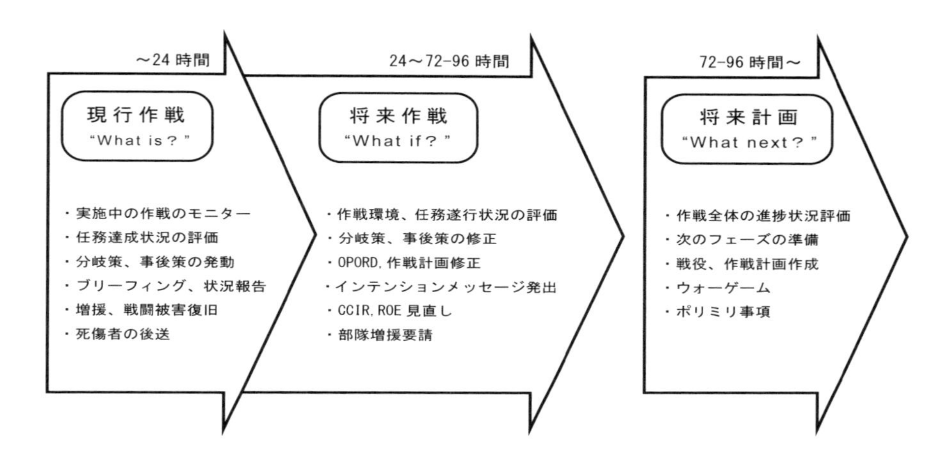

図25 ３つの作戦水平線（JP 3-33, Fig IX-3 "Joint Task Force Plans and Operations synchronization" にもとづき著者作成）

般的です。

作戦レベルの司令部では、戦術レベルの現場部隊の状況を監督する一方で、さらにその一歩先を見越した作戦指導と準備が不可欠です。それこそが司令部の存在意義です。

また作戦レベルの司令部は、関係部隊の調整を行ないつつ、上位の指揮官にさまざまな報告を行なう必要もあり、その作業量は膨大になります。これらの作業を発生順に逐次処理していては、作戦指導のタイミングを逸するおそれがあるため、処理すべき問題を時間軸で区切って効率的な並行処理を行なおうとするのが「作戦水平線」の考え方です（図25）。

１）現行作戦

まず「現行作戦セル」は、現在実施中の作戦に焦点を絞り、"what is?（今何が起きているか？）"に対応します。

現時点での任務*の達成状況を評価したうえで、向こう24時間程度を見通した分岐策*、事後策*を選択して必要な命令を発出して発動します。その他、実施中の作戦をモニターし、毎日の報告（OPSUM：Operations Summary）やブリーフィングを担当します。さらに当面の兵力増援や戦闘被害復旧の支援、死傷者の後送も行ないます。

２）将来作戦

「将来作戦セル」は、作戦環境と任務遂行状況の評価に基づき“what if?（もし何かが起きたらどうするか？）”に対応します。

向こう24～72時間もしくは96時間程度を見通し、現行作戦で発動した分岐策、事後策の状況を確認し、必要に応じて修正し、その後の作戦の準備を行ないます。指揮官の作戦指揮に関する意図をおおむね24時間おきに「インテンション・メッセージ（Intention message）」として発出します。とくにCCIR*（重要情報要求*）と「決心点*」における作戦環境を評価し、分岐策を修正・検討するのが主な任務となります。

３）将来計画

「将来計画セル」は、“what next?（次の作戦は何か？）”に対応するため、作戦全体の進捗状況と計画上の前提を確認して、将来作戦の事後策および次のフェーズ*の作戦の計画を行ないます。

「作戦水平線」の時間枠

それぞれの時間枠が具体的に何時間をカバーするかは、作戦の性質（作戦テンポ*と情報アップデートの間隔）と、指揮官の意思決定サイクルによって規定されます。

「現行作戦」について、ほとんどの司令部が24時間と規定しているのは、作戦指導に必要な精度の高い作戦環境見積りが出そろうのがおおむね24時間前であること、上位の司令部や関係する政府機関の勤務サイクルや情報発信サイクル（＝情報要求サイクル）に合致すること、シフト勤務編成とシフト間の引き継ぎ作業を勘案した結果といえます。

「将来作戦」の時間枠は、作戦環境と任務遂行状況の評価に要する時間に加えて分岐策の変更に必要なリードタイムが重要な決定要素となります。多くの作戦で「決心点」間の最小間隔、後方支援の計画変更、航空機や武器整備のためのリードタイム、指揮下部隊への伝達と当該部隊における理解と準備を勘案して24～96時間程度としています。

いずれの時間枠も、指揮下部隊の処理能力も加味して余裕のある時間枠を設定すべきことはいうまでもありません。

「作戦水平線」サイクルが発動されると、各時間枠で生起した課題ごとに作戦計画チーム（OPT*:Operational Planning Team）が設置され、解決策を検討することになります。マンパワーの所要は常に変動するので、時間枠間で幕僚やOPTを適宜融通するのは当然です。

とくに緊密な連携を必要とする作戦場面では、現場部隊の幕僚を作戦司令部の「現行作戦セル」に臨時に派遣することもあります。

通常「現行作戦」と「将来作戦」はJ-3（作戦）部、「将来計画」はJ-5（計画）部の担当です。これは、平素の業務分担である上位の戦略を受けた大枠の作戦概念*の計画とポリティコ・ミリタリー（政軍）関連事項をJ-5部が担当し、具体的作戦の実施をJ-3部が担当する態勢を反映したものです。

「垂直的統合」の必要性

計画作業を行なう司令部は、ほかの階層の司令部の意思決定サイクルとの連携（Multi-echelon Process）を考慮しなければなりません。とくに統合部隊が一貫性のある作戦を行なうには、ほかの司令部との同期化が極めて重要で、地域統合軍司令部や統合部隊司令部の意思決定サイクル

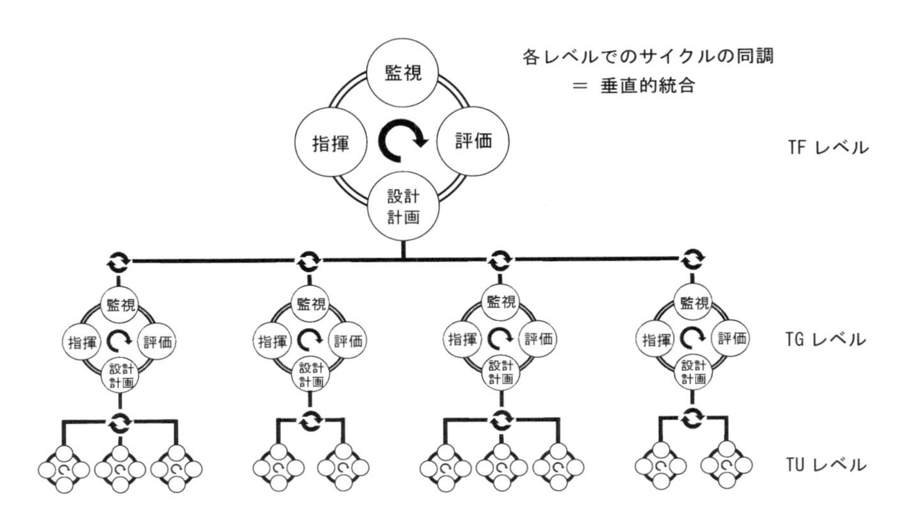

図26 異なる階層の司令部間の垂直的統合（著者作成）

はほかの司令部と同調していなければなりません。これを「垂直的統合（Vertical Integration）」といいます（図26）。

一般に司令部の階層が上位になるほど、調整を要する関係先が増え、意思決定サイクルは熟慮を要するため低速になりがちです。上位の司令部による計画作業の遅れは、下位の司令部になるほど連鎖的に大きな影響を及ぼします。上位の司令部は時間的に余裕のない任務や命令を付与して、下位の司令部の事態対処能力や柔軟性を奪わないよう留意します。

3）ハイブリッド編成の司令部

広く定着したJコード編成

統合部隊司令部における幕僚部を機能別に「J-○（○は数字）」に区分したいわゆる「Jコード編成（J-code organization）」（図27）は米軍を中心として同盟国軍に広く定着しており、効率的な指揮監督、迅速な階層間の情報フロー、機能別の専門的業務の遂行が可能となっています。

また、Jコード編成において「J-○」と示される個々の幕僚は、その「○」という名称により職位や責務が共通化されており、ほかの軍種や司令部のカウンターパートとの連絡調整が容易で、インターオペラビリティ（相互運用性）上も有利といえます。

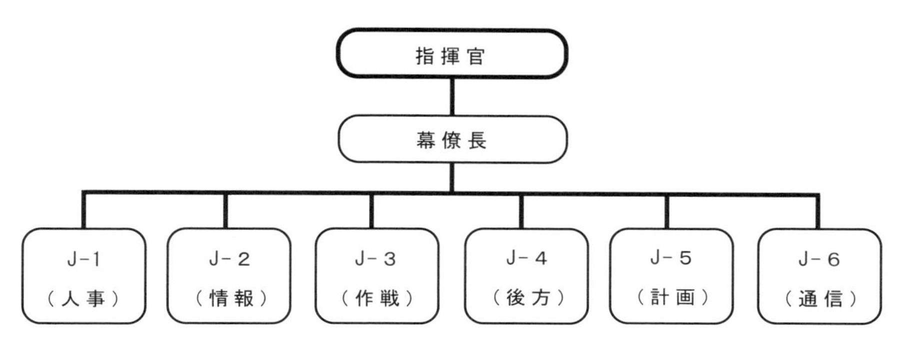

図27 Jコード編成の例（著者作成）

ちなみに、陸、海、空軍ではそれぞれ「G-○」「N-○」「A-○」のように示されます。

有事対応の機能/ミッション志向型ハイブリッド編成

平時における司令部編成の基準であるJコード編成ですが、有事の作戦指導では「作戦水平線」の考え方で複数のセルを作って対処するため、機能別の縦割りでは対処しにくい場合が増えてきました。

そこでJコード編成をもとに、作戦上の要求に的確に応えるため、特定機能やミッション遂行のための常設的な組織を幕僚部を横断して設置する「機能／ミッション志向型司令部編成（Functional/ Mission-oriented Hybrid HQ Organization）」がとられようになってきました。

これは機能別縦割りのJコード編成に「B2C2WG*（Boards：会議）、（Bureaus：局）、（Centers：センター）、（Cells：セル）、（Working Groups：ワーキンググループ）」や「作戦計画チーム（OPT:Operational Planning Team）」を重ね合わせた混成組織です（図28）。

これにより、Jコード編成だけでは調整が効率的にできない作戦（たとえば水陸両用作戦）や連携先司令部の態勢に合わせるために特別の配慮

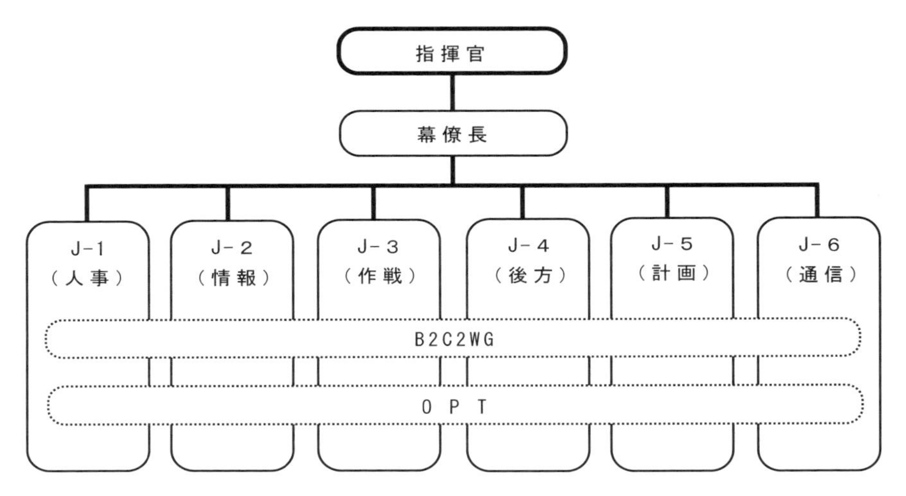

図28 機能/ミッション志向型ハイブリッド司令部編成の例（IB Joint HQs Organization, Staff Integration, and Battle Rhythm, "B2C2WGs and Staff Integration"にもとづき著者作成）

を要する作戦（たとえば隠密裏に行なわれる特殊作戦）の遂行、軍以外の関連組織との連携の強化、調整の迅速化など司令部全体としての対応力を向上させることができます。

指揮官の「タイプ」と幕僚長の役割

ハイブリッド編成の司令部を効率よく機能させるには幕僚長（Chief of Staff: CoS）の役割が極めて重要です。これまで幕僚長といえば、ともすれば煩雑な管理業務のマネージャー的な役割がイメージされてきましたが、「今夜戦う（Fight tonight）」という態勢が求められる今日の安全保障環境においては、指揮官の指針に沿って幕僚を教育し、業務を方向づけし、上級司令部との調整をこなし、指揮下の部隊を監督するという広範な役割が求められています。

指揮官にはさまざまな「意思決定スタイル」があります。作戦室でブリーフィングからディスカッションまでなんでもオープンにするタイプ、あるいはディスカッションや決裁は限られたメンバーで別室で行なうタイプなどです。同様に部下指揮官との意思疎通、幕僚長以下の上級幕僚への権限移譲、情報共有の考え方にも大きな幅があります。

また、指揮官にはそれぞれ「タイプ」があります。ペンタゴン勤務について書かれた本から一部紹介します。

1）ルースキャノン（野放しの大砲）タイプ（The loose cannon）

聡明でアイデア豊富でエネルギーに満ち溢れ海図なき航海を楽しむ。このタイプには独創性発揮のタイミングと量を制御する必要がある。幕僚には制御しきれない危険があるので「間接アプローチ*」で対処するのが賢明と思われる。

2）マイクロマネージャータイプ（The micromanager）

細部にこだわり何でも自分でやりたがる仕事中毒者。このタイプを制御するには、本人が処理しきれないほどの大量の課題、ブリーフィング、データで飽和させ幕僚へ移管せざるを得ない状況に仕向けるか、これまで関与したことのない魅力的な分野へ誘導する。

3）窓際上司タイプ（Retired-on-active-duty（ROAD）boss）

「勤続疲労」でエネルギーが低下し、困難な決定から逃避し延々と検討したがる。幕僚は自分で片づけて「結果が出るのは定年後ですから」とサインだけもらうか、「ほかの部署へ投げても結局こじれて戻って来るだけです」と説得するのが得策。

やや誇張気味ですが、このような指揮官の「タイプ」や「癖」はそれ自体、リーダーシップの一側面ですからあえて「修正」する必要はありません。幕僚長の役割の中でとくに重要なのは、このような指揮官の「癖」にあわせて司令部の編成やバトルリズムを微調整することです。

幕僚を自己同期するよう仕向ける一方で、必要に応じて積極的に指導を加える、状況にあわせてバトルリズムを管制し司令部全体の業務の優先順位づけをする、意思決定の「落とし穴」（第６章参照）を回避しつつ、常に重要任務に注力するよう仕向けることが幕僚長の重要な仕事です。

Jコード編成に優先されるB2C2WG方式

垂直的なJコード編成に優先して設置される水平的で機能横断的な「B2C2WG」は、幕僚を融合させる強力な手段となります。さらに後述する指揮官との接点（タッチポイント）も確保でき、実質的に組織をフラット化できることから、以下のように多くの統合司令部で導入されています。

１）作戦計画チーム

作戦計画チーム（OPT）は、課題ごとに複数設置され、課題が解決すると解散される一時的な組織。その役割は、当該課題に関するチームとしての検討結果を、機能別ワーキンググループ（WG）やJコード幕僚部に提示し、専門的に検討させ、その回答をまとめて調整して決定権のある会議（Board）や毎日行なわれる「アップデートブリーフィング」に進言し、承認を得ることです。

２）ワーキンググループ（WG）

ワーキンググループは、前述した３つの「作戦水平線」時間枠における機能別課題および作戦計画チームが提示した課題について、司令部の内部または外部から専門的知見を集めて必要な分析結果を提供し、相当期間設置される機能横断的な組織です。

3）会議およびハドル

指揮官は決定権を有する会議（Decision Board）を設置し、その責務と権限を定め、所掌する決定事項にふさわしいメンバーを指名します。この会議は毎日開かれるアップデートブリーフィングの場で行なわれることが一般的です。

一方で、指揮官が計画担当者を集めて課題を持ち寄らせ、直接、意見や情報を交換する場をハドル（Huddle）といい、司令部組織のフラット化に貢献しています。

4）センターおよびセル

センター（Center）は、固有の施設と支援要員を持つ機能横断的な組織で、統合部隊司令部には常設の「統合作戦センター」が設置されます。センター内には、特定のプロセス、機能、作戦のためにセル（Cell）が配置されます。

「統合作戦センター」は、主として現行作戦および将来作戦の「作戦水平線」を包含する72時間から96時間の作戦について、監視（Monitor）、評価（Assess）、設計・計画（Design & plan）、指揮（Direct）の作戦機能（後述）を作戦種別、機能別に長期間にわたり安定的に発揮できるように設計されています。

5）局

指揮官直属の統合情報局（Joint Information Bureau）や幕僚長直属の統合ビジター局（Joint Visitors Bureau）が一部の司令部に設置される以外は、「局」の名称で設置される例はまれです。

6）レッドチーム

「B2C2WG」を構成する組織ではありませんが、時間的制約下で「落とし穴」に陥ることなく適切な意思決定を行なうため指揮官または幕僚長に直属した「レッドチーム（Red team）」（第6章第3節参照）が設置されることがあります。

戦略レベルである地域統合軍司令部では、レッドチームを「戦略フォーカスグループ（Strategic Focus Group）」の名称で活用する例もあります。このフォーカスグループは、戦域*内の重要地域ごとに設置され、後述するバトルリズムを通じて、関連するすべての「B2C2WG」に関与し、レッドチームの立場から建設的な貢献を行なっています。

「計画管理会議」で司令部内の同期を図る

司令部内の限られたマンパワーと専門家の人数を考慮すると「B2C2WG」の数は制限せざるを得ないため、優先順位づけと人的資源の有効活用は幕僚長の重要な役目です。

多くの司令部では週１回程度、「計画管理会議（PMB：Plans Management Board）」や「同期化会議（Synchronization Board）」を設けて、３つの「作戦水平線」ごとの課題とその解決のための計画作業の優先順位、タイムライン、充当するマンパワーについて、「B2C2WG」とJコード幕僚部をはじめとする司令部内で調整しています（図29）。

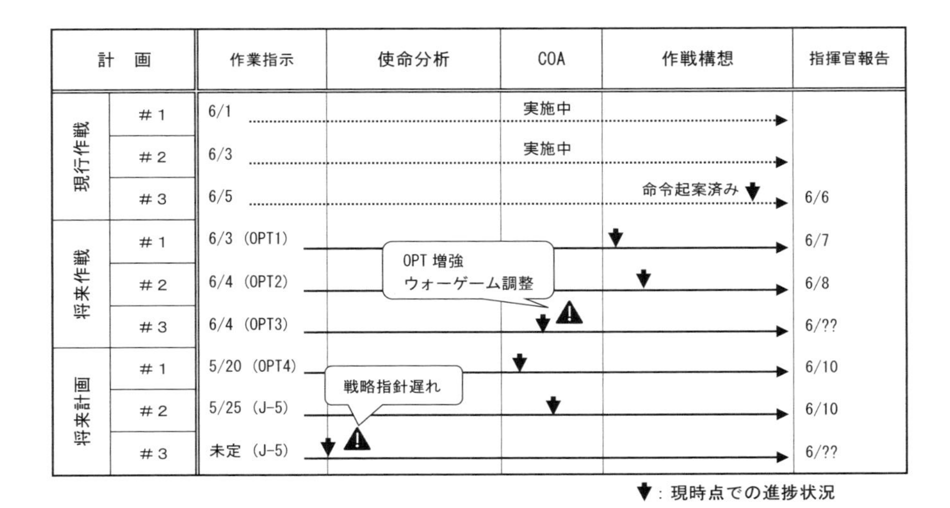

図29 PMBでの調整マトリックスの例（IB Joint HQs Organization, Staff Integration, and Battle Rhythm, “Plans Management Board (PMB)”にもとづき著者作成）

その他、計画担当者が指揮官を囲む小規模な会議を「プランナーズ・ハドル（Planner's Huddle）」として実施している例も多くみられます。これら司令部の同期化調整を受け、各幕僚は自己同期という形で司令部全体に資するように自ら業務を行ないます。

ただし、現実には担当幕僚は「計画管理会議」を経ない調整（Outside Planning）を頻繁に実施しています。これを抑える必要はありませんが、重要な調整事項や問題点が司令部内で共有されなくなるおそれがあるため、注意しなければなりません。

「作戦水平線」間を連接させる

司令部内では、限られたマンパワーで常に複数の作戦設計*・計画（修正）作業が並行して進行しています。このため、３つの「作戦水平線」間でギャップが生じないよう、以下のような作業の引き継ぎを行ないます。

１）J-5（計画）部が「将来計画」として設計・計画（修正）プロセスを開始し、事後策または次のフェーズの作戦コンセプトとして、COA*（行動方針*）のストーリーボード（主要な作戦場面のスケッチを絵コンテのように順番に示したもの）をその概要説明とともに立案します。

２）検討が進み発動時期が近づくと、J-5（計画）部は、J-3（作戦部「将来作戦」担当幕僚）に詳細な引き継ぎブリーフィング（作戦コンセプト、リスク、指揮官の意図案、ウォーゲーム*の結果）を実施し、立案したJ-5幕僚は計画とともに「将来作戦セル」に移ります（「Planner Continuity方式」）。

この際、立案した幕僚が計画に対する執着を持っていないことを「レッドチーム」の批判的検討により確認します（第６章第４節）。

３）「将来作戦セル」において、分岐策、前提条件、開始トリガー、指揮官の意図案、CCIR（重要情報要求）案、作戦コンセプト、各構成部隊の任務、調整要領、リスク、ROE（交戦規定）変更案が完成すれば発動の準備が整ったことになります。

４）発動の準備が整うと、作戦命令ブリーフィング（Orders Briefing）を実施し、当該計画は関連する意思決定支援ツールとともに「現行計画

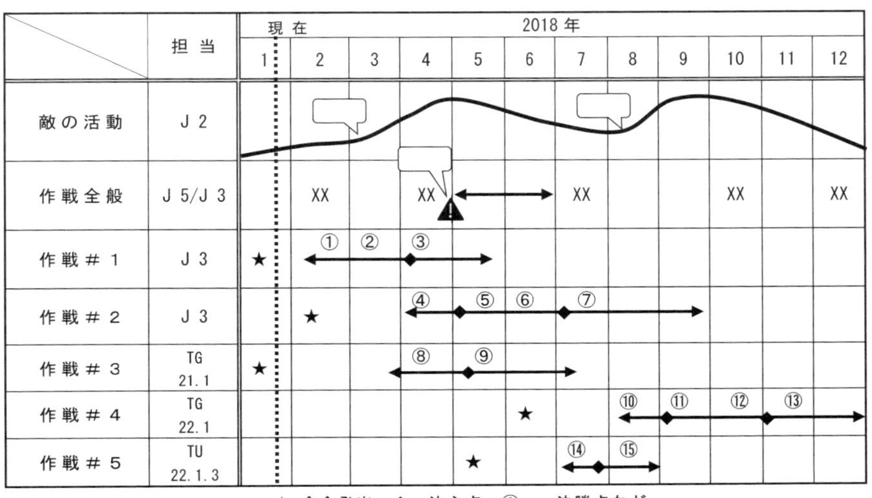

図30 作戦/計画同期化マトリックスの例（著者作成）

セル」に移管されます。

5）引き続き作戦発動チェックリスト、CCIR監視要領、作戦命令の起案を行ない、作戦の推移を監視しつつ「開始トリガー」を待ちます。

幕僚長は、このような計画作業の引き継ぎを実施させて「作戦水平線」間の連接を維持します。また、司令部全体としての計画作業の優先順位づけを行ない、作戦に対する先行性を維持しつつ、3つの時間枠のうち「将来作戦」と「将来計画」が作戦司令部全体の活動の中心となるようにバランスをとります。

図30は、作戦実施と計画作業の所要を戦役*全体の流れの中で視覚化したものです。これは、幕僚に先行的な作業を実施させ、潜在的な摩擦*（障害）要因の軽減と除去のために作成するマトリックスの一例です。ここでは、1年先までの敵の活動を見積り、戦役を構成する5つの作戦（系列）の流れを図示しています。司令部の幕僚は、それぞれの所掌する分野について詳細な計画作りを進めることになります。

4）「バトルリズム」を構築する

作戦司令部では、日常的にブリーフィングやミーティングが行なわれますが、これは統合部隊および司令部内の同期化のために行なわれる活動と見ることができます。これらの活動の中で、とくに「現行作戦（Current operation）」と「将来作戦（Future operation）」を同期化させるため、周期的になされる活動のサイクルを「バトルリズム（Battle rhythm）」といいます。

指揮官の健全な意思決定が迅速かつ長期にわたって安定的になされるためには、効率的な「バトルリズム」が確立していることが必要です。「バトルリズム」は次の３つの段階を踏んで構築されます。

第１段階：指揮官を中心に考える

指揮官は、意思決定や幕僚との接し方に関して独自のスタイルを持っています。また上級司令部との会議や報告の仕方も指揮官によってさまざまです。そこで、このような指揮官と上級司令部や幕僚との接点を「タッチポイント」として、バトルリズム生成の基本としています。

図31は２人の指揮官の例を示したものです。指揮官Aは、上級司令部との会議も多く多忙そうですが、指揮官Bは上級司令部との関係も含め多くを部下に委任しています。同じ統合部隊の中でも、部隊の任務やフェーズ、指揮官の指揮統率スタイルによりこの程度の差はあり得ます。

「バトルリズム」を構築する際には、基本的に指揮官の指揮活動を中心として組み立てていきますので、「指揮官中心のアプローチ（Commander-centric approach）」といわれます。

司令部においては、指揮官と幕僚双方の時間を節用し、「摩擦」を軽減するような「タッチポイント（接点）」を設定することが、「バトルリズム」を確立する第１段階です。

このとき、指揮下部隊の意思決定や作戦実施に資するという条件を満たしつつ、上級司令部に同期させることが重要な要件になります。作戦

タッチポイント	指揮官 A	指揮官 B
戦役評価	月１回	委　任
作戦環境評価	月２回	委　任
指揮官評価アップデート	週５回	週１回
Ｊコード部長とのミーティング	委　任	週１回
計画調整会議（PMB）	週１回	委　任
計画指針会議（計画担当幕僚）	週１回	月１回
CCIR、Wake-up クライテリア見直し	必要時	必要時
上級司令部との会議	週６回	週１回
アップデートブリーフィング	毎　日	毎　日

図31 タッチポイントの例（IB Joint HQs Organization, Staff Integration, and Battle Rhythm, Battle Rhythm, "Touch Point Examples"にもとづき著者作成）

レベルの司令部としては、作戦現場の戦術レベルを優先させ、「垂直的統合」のしわ寄せが現場部隊の作戦に影響しないように留意します。

第２段階：論理的にイベントを配置する

指揮官との「タッチポイント」が決まったら、次に会議をはじめとする「バトルリズム」イベントを配置することになります。これらイベントにおけるインプット（提示資料）とアウトプット（成果物）は、指揮官の意思決定を効率的に支援するために、あらかじめ明確に定義されなければなりません。

まず、指揮官の意思決定に必要なイベントを中心として、関係する「B2C2WG」をインプットとアウトプットが連接するよう配置します。司令部では、このようなイベントと「B2C2WG」との関連を意思決定の重要な手順、「クリティカルパス」（後述）として規定し、無駄のないイベント配置を図るとともに司令部全体としての業務の効率化を図ります。

次は「クリティカルパス」で論理的に配置された「B2C2WG」を「日」「週」「月」の予定表に落とし込みます（図32）。

この際、指揮官に次いで優先的に考慮されるのが、SME（Subject Mat-

週間タッチポイントの例

	日	月	火	水	木	金	土
午 前		ハドル（予 備）		PMB			指揮会議
午 後	ハドル（将来作戦）		ハドル（将来計画）	PMB（予 備）		ハドル（将来作戦）	指揮会議（予 備）

日々バトルリズムの例

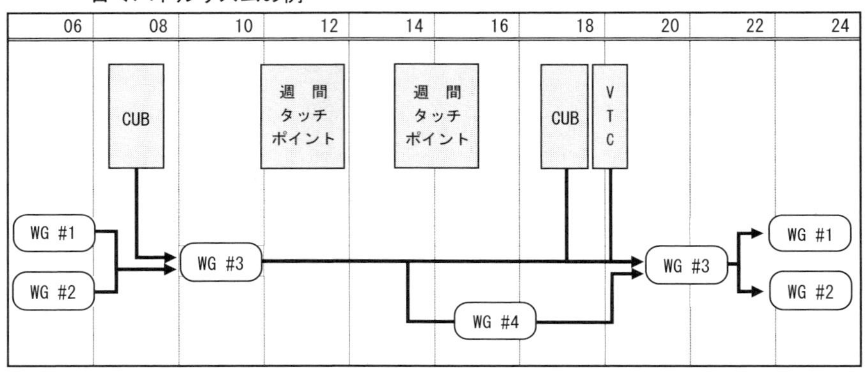

CUB：指揮官アップデートブリーフィング　VTC：上級司令部とのテレビ会議

図32 週間および日々バトルリズムの例（著者作成）

ter Expert：分野別専門家）と呼ばれる特別な幕僚や専門家です。必要性が高いものの配置が困難な専門家（HD/LD SME：High Demand/ Low Density Subject Matter Expert）の「バトルリズム」での活用要領はとくに重要です。限られた専門家を効率的に活用できるように「B2C2WG」の配置を考慮しなければなりません。

第３段階：「ホワイトスペース」を確保する

「バトルリズム」を構成する最終段階は、イベントが何も予定されていない「ホワイトスペース（White space）」を確保することです。

幕僚がさまざまな「B2C2WG」に連続して出席しなければならず、考える時間が削られ、ほかの幕僚との連絡調整がとれないような状況になれば、「過密バトルリズム」（Jam-packed Battle Rhythm）と呼ばれる状態になります。

このような場合、会議の短縮、削減および参加者の絞り込みや変更を考慮します。こうした状況を放置すれば、司令部内だけでなく、その悪影響は下位の部隊により大きく影響します。

さらに「過密バトルリズム」の状態では、作戦司令部の幕僚が司令部内の対応に忙殺されて、指揮下部隊との意思疎通や調整がうまくできなくなりがちです。戦術レベルの現場部隊では、もともと司令部との連絡調整にあたる幕僚は少数しか配置されていませんから、イベントは必要最小限であるべきです。

司令部の幕僚レベル以下においてもJコード幕僚部が本来的に所掌しているルーティン業務や「B2C2WG」がそれぞれ固有の「バトルリズム」を回していることも考慮する必要があります。幕僚長はこのような観点から「バトルリズム」の「ホワイトスペース」が維持されているか注意を払います。

「ホワイトスペース」を考えるうえで、会議の開催間隔は重要な考慮事項です。一連の会議で累積的な成果を求めるような場合、ごく単純には「（次回の会議の準備に必要なマンアワー）÷（担当幕僚数）＝（最短の開催間隔）」となります。

会議が定期的な情報の交換・共有のようなものであれば、当該情報のアップデート間隔（情報そのものの性質またはバックヤードの処理能力）が必要な最短の間隔時間と考えることができます。

いずれにせよ、必要な間隔時間が「バトルリズム」に収まらない場合には、マンパワーを増やして単位時間あたりの処理能力を向上させるか、「バトルリズム」そのものの修正をしなければなりません。

指揮官は、バトルリズムの中で考え、休む時間が必要です。また、実情把握と現場の士気高揚のためには戦場にある部隊を視察する時間の確保も必須です。

古来「最少の過誤を犯す者が最良の将である」といわれるように、疲労による判断ミスを防ぐために十分な睡眠が必要です。このような観点から、指揮官の就寝中に不測事態が発生した場合に報告したり、指示を仰いだりする際の要領を定めた「Wake-upクライテリア」は軽視できないものです。
幕僚もルーティン作業をこなし、「B2C2WG」の準備をするには心身の健康を保つ時間が必要です。十分な準備がなされていない会議は、その結果も不十分で、司令部内の業務に支障を来たし、時間を浪費することにつながり、結果的に指揮官の意思決定に貢献していないことになります。
効率的な「バトルリズム」とは、限られた時間枠を、指揮官と幕僚のやり取り、現場部隊の視察、そして幕僚自身の作業にバランスよく使うものです。その典型例として、朝の時間枠を指揮官とのタッチポイント、日中は幕僚作業と「B2C2WG」、夕方は指揮官との定期的あるいは臨時の会議にあて、その合間に現場視察、食事、休養をとるケースがよく見られます。
また、予定外の指揮官の動きに対応できる柔軟性を保つのも「バトルリズム」の要件の1つです。VTC（テレビ会議）が一般化しても遠隔地の会議に指揮官が召集されることがあるので、「バトルリズム」に影響を与えないこと、指揮官が現地視察で不在中も「バトルリズム」を維持できるよう次席指揮官や幕僚長の役割を確立させておくことが求められます。

「バトルリズム」を適正に運用する

注意深く構成された「バトルリズム」であっても、継続的に管理しないとイベントの遅延、増加、「ホワイトスペース」の減少につながり、非生産的なものとなりかねません。「バトルリズム」の適正な運用には規律が必要で、幕僚長がこの監督にあたります。
イベントの大半は会議の形をとるわけですが、米国戦略課報局（OSS）が作成した『サボタージュ・マニュアル』（1944年）には、「重要な仕事をするときには会議を開き、議論して決定させよ」とあり、「貴重な教訓」を与えてくれています。同マニュアルによると、会議を開くことで組織のパフォーマンスを低下させるメカニズムが以下のように説明されています。

1）集団の中で個人の貢献度が見えにくくなることによる「社会的手抜き」の発生
2）自分の無知がさらけ出されるとの「評価懸念」による発言の抑制
3）反対意見や少数意見を主張するハードルからくる「沈黙の螺旋」
4）多数派が正しいように思う「私的同調」、もめないように皆に合わせる「公的同調」
5）隠れて別の作業をしたり、放心と発言のタイミングを待つ「調整損失」

このように、漫然と会議を開いてはいけないということですが、イベントの妥当性については、以下の「バトルリズムイベントの７要件」に照らして継続的に評価すべきであり、イベントが指揮官の意思決定に価値を付加するものでなければ、「バトルリズム」から除外すべきとされています。
1）イベント：　　ほかのイベントと明確に区別されているか？
2）目的：　　　　イベントの目的は明確か？
3）時期と場所：　時間の配分と場所は適当か？
4）関連Jコード：誰が情報を受け取り、整理し、配布するか？
5）インプット：　誰がいつ何をどういう形で準備するか？
6）アウトプット：いかなる成果物をいつ完成させるか？
7）参加メンバー：誰がいかなる役割で参加するか？

「バトルリズム」の運用にあたり、その「クリティカルパス」（図33）が有効に機能して幕僚作業が指揮官と同期しているかも重要な判断基準です。
「クリティカルパス」に配置された「B2C2WG」において、その目的、議題、参加者の範囲とそれぞれの期待される役割が明確でなければなりません。「クリティカルパス」のポイントは以下のとおりです。
1）指揮官は明確な指針と意図を示しているか？
2）指揮官に対する効果的なインプットと継続的なフィードバックがな

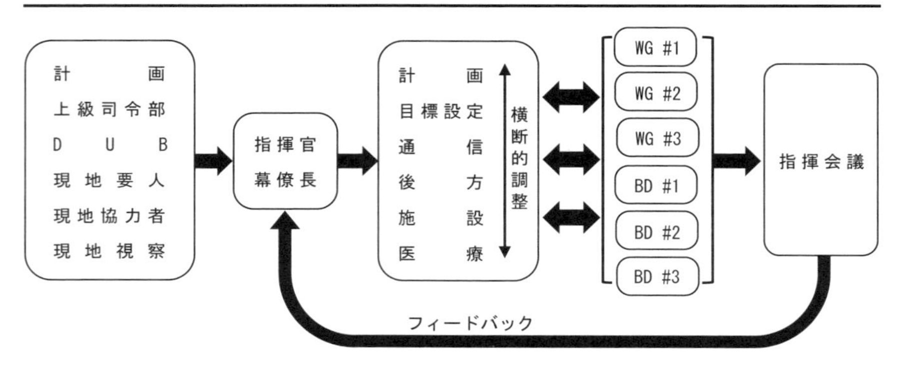

図33 クリティカルパスの例（IB Joint HQs Organization, Staff Integration, and Battle Rhythm, "Critical Path to Synch Staff Efforts"にもとづき著者作成）

されているか？

3）下位の指揮官に権限を委任して適切なレベルでの意思決定を行なっているか？

4）Jコード幕僚と「B2C2WG」との連携は効果的に行なわれているか？

5）調整目的の会議において機能横断的な参画はあるか？

5）作戦指導のための「意思決定サイクル」

「作戦水平線」および「バトルリズム」の考え方は、作戦司令部の態勢作りに欠かせないものですが、次に指揮官の「意思決定サイクル」について見てみます（図34）。

４段階の意思決定サイクル

作戦司令部における指揮官の「意思決定サイクル」は、以下に示す「監視」「評価」「作戦設計と計画」「指揮」の４段階が基本となります。

1）監視（Monitor）

連続的に作戦状況を監視し、部隊の保全を図りつつ好機を探る。

2）評価（Assessment）

定期的に「作戦評価クライテリア」により作戦状況を評価する。

3）作戦設計と計画（Design and Plan）

上記の評価を踏まえてCOA（行動方針）、計画、作戦アプローチ*を修正し、命令を起案する。

4）指揮（Direct）

「指揮会議」で承認された指示、命令を指揮下部隊に与える。

このように指揮官の基本的な「意思決定サイクル」は４段階に分けられますが、作戦は24時間休みなく続き、指揮官の意思決定も継続するため、連続的なサイクルとなります。

指揮官の「意思決定サイクル」には３つの「作戦水平線」も含まれます

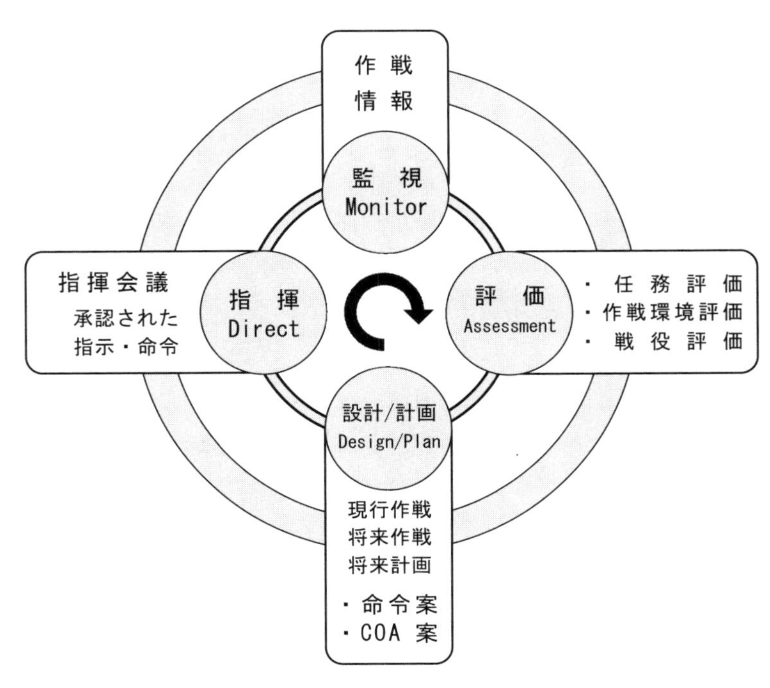

図34 指揮官の意思決定サイクル（Joint Officer Hand Book: Staffing and Action Guide, Fig 5 "Commander's Decision Cycle"にもとづき著者作成）

が、最もタイムスパンの短い「現行作戦」が基本的なサイクルとなります。それぞれの段階には対応する「イベント」がありますが、それらは「クリティカルパス」を構成し、「バトルリズム」の中に配置されます。

このサイクルの中で「指揮会議」が、参加者数、準備に要するマンパワーの面から最も重要なイベントですが、これを24時間以内の頻度で行なうことは現実的ではありません。そこで「指揮会議」が基本的なサイクルを規定します。これが「現行作戦」を24時間とする理由の1つです。

なお、「サイクル」を円滑に回す工夫として、「指揮会議」から12時間経過時に簡単なアップデート会議が行なわれることがあります。

第1段階：監視（Monitor）

「『児玉さん、今日もどこかで戦（ユッサ）がごわすか』。日露戦争たけなわのときの総司令官大山巌元帥の有名なせりふだ。指揮を総参謀長の児玉源太郎大将にゆだねきった大山の茫洋（ぼうよう）とした大人物ぶりを示すものとされる。司馬遼太郎『坂の上の雲』もそう解釈している。

しかし、今村均陸軍大将回顧録の中の上原勇作元帥の解説は違う。じつは大山元帥は祭り上げられていた。兵の生死が心配なのに総司令部の参謀たちは忙しがって戦況報告に来ない。日頃上原（当時第四軍参謀長）らにこぼしていた。冒頭のせりふは『児玉さん、戦況は報告しなけりゃなりませんよ』と不満の意思を婉曲（えんきょく）に表現したものだったという。組織人にはピンとくる説明だ……」

これは、藤崎一郎元駐米大使のエッセイの一部ですが、このような「問題」は、どこの軍隊の作戦司令部で起こり得る話です。まさに「幕僚にはピンとくる話」です。指揮官に報告を過不足なく行ない、「意思決定サイクル」を円滑に運用するため、統合作戦センターでは次のような工夫をしています。

まず、センターにおいて、敵、友軍、関連する部隊の状況と作戦環境を一元的にモニターして、主として「現行作戦」の水平線内の状況を把握（SA：Situation Awareness）します。この際、指揮官の「意思決定サイクル」を支援するため、CCIR（重要情報要求）については優先的に把握する態勢をとります。

この状況把握を確実にするため、統合部隊の共通作戦状況図（COP：Common Operational Picture、コップ）とその他の作戦センターの把握している現況を、指揮官、幕僚が共有することが不可欠です。

これらの情報は、指揮官の要求により迅速に表示、参照できるように指揮支援システムで管理されます。同時に司令部内や指揮下の部隊はもとより上級司令部や関係部隊とも共有されます。

また、作戦センターには関係する部隊から連絡官（LO：Liaison officer）や交換士官（EO：Exchange officer）が配置されるのが一般的です。連絡官は「現行作戦セル」において、状況把握に関して派遣元の部隊指揮官の認識や意図を統合作戦センターに反映させることが期待されています。

連絡官の任務は、単なる派遣元部隊の伝声管（Conduit）ではなく、専門的知見を積極的に活かして指揮官の「意思決定サイクル（監視、評価、計画、指揮）」を支援することが期待されています。

なお作戦センターの幕僚が葛藤する問題が、CCIR（重要情報要求）以外に何を指揮官に報告すべきかということです。そこで多くの司令部では縦割りの弊害と報告漏れを防止するため「報告クライテリア（Reporting criteria）」と「報告経路（Reporting chain）」を明確に定めています。前述した「Wake-upクライテリア」も同様に重要です。

最後に、多くの作戦センターでドキュメントと業務管理を行なうソフトウェアを活用して、「Commander's Knowledge Wall（CKW）」を設置しています。これにより、司令部業務の生産性、同期性、一貫性の向上を通じた指揮官の意思決定の迅速化、適正化を図っています。

第２段階：評価（Assessment）

評価は以下の３つの側面から行なわれます。

１）任務評価（Task Assessment）

与えられた任務に照らして部隊は正しく行動しているか？

２）作戦環境評価（Operational Environment Assessment）

作戦環境に照らして正しい行動をとろうとしているか？

３）戦役評価（Campaign Assessment）

使命*を達成しつつあるか？

指揮官は、これらの評価とほかの指揮官からの意見、さらには現地視察や自身の評価を踏まえて、計画の修正を指示します。

評価の焦点は司令部の階層に応じて異なり、基本的に現場部隊は「任務評価」、統合部隊司令部は「作戦環境評価」、そして地域統合軍司令部は「戦役評価」に重点が置かれます。

戦術、作戦レベルの司令部は、「任務評価」として友軍のMOE*（Measure of Effectiveness：作戦行動の妥当性評価）やMOP*（Measure of Performance：作戦行動の数値的評価）を継続評価するほか、「現行作戦」の中で「Hot wash up」と呼ばれる評価（分野ごとの強点、弱点、教訓に絞って当面の評価をごく簡単に行なうもの）を実施します。

統合部隊司令部のような作戦レベルでは、定期的に「作戦環境評価」を実施し、「将来作戦」と「将来計画」への反映を重視します。

図35-1は、作戦環境のうち敵のエスカレーションの状況を分野別に「-

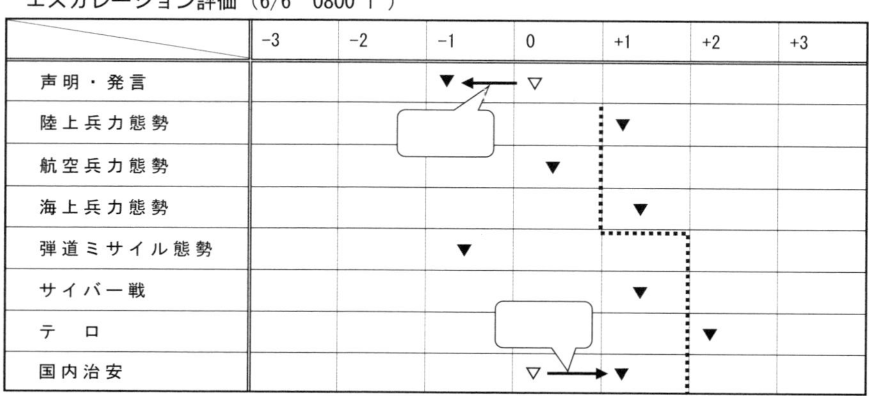

図35-1 作戦環境：エスカレーション評価の例（著者作成）

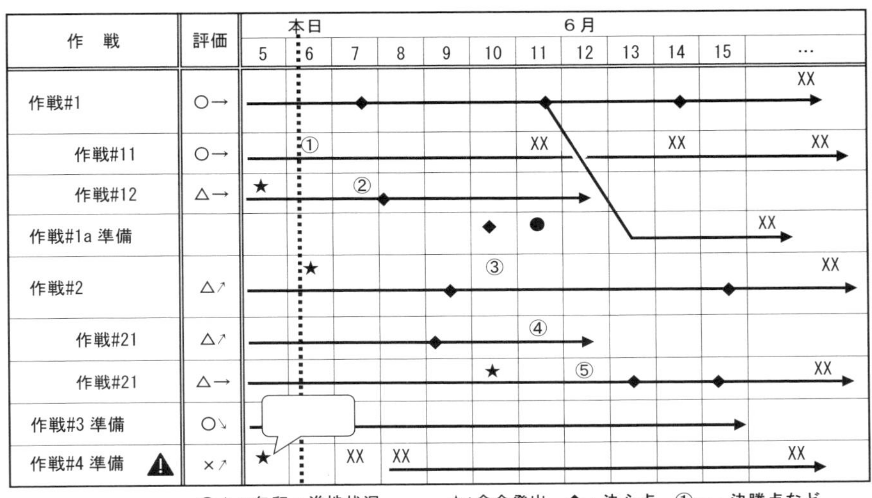

図35-2 任務評価マトリックスの例（著者作成）

3」から「＋3」のスケールで相対評価したものです。分野ごとに詳細なエスカレーションラダーのリストも作られ、破線で示した「レッドライン」を当面の判断基準に置いています。（この例では「声明・発言」はレッドラインから除外）

図35-2は、現在実施中の作戦＃1（部分作戦#11、#12）、＃2（部分作戦#21、#22）および準備中の作戦＃1a（＃1の分岐策）、＃3、＃4ごとに進捗状況を「○△×」と矢印の向きで評価しています。「×↗」なら進捗状況は「不可だが改善中」という具合です。

また作戦＃1は、10日時点の評価によっては作戦＃1aへの移行を決心し、その場合には11日に命令を発出する予定が示されています。①～⑤は、作戦フェーズの移行、部隊の増強や交代、作戦上の主要な結節点を示しています。

一方、戦域、戦略レベルの司令部では、RI*（Reframing Indicator：作戦アプローチの修正が必要な作戦環境の変化の指標）による評価を継続的に行なうほか、「戦役評価」として四半期または半年ごとに正式な評価、報告を行ない、国家戦略との整合性をとります。これには軍以外の外交、経済、治安関係者からの視点も加えて評価の精度を高め、活動内容の適合性を向上させます。

いずれのレベルの評価においても、戦役、作戦のエンドステート*、目標*に関して、作戦計画を作成した司令部で妥当性を継続的に検討することが重要です。修正が生じた場合は速やかに評価項目やクライテリアを見直します。

第3段階：作戦設計と計画（Design and Plan）

「任務評価」「作戦環境評価」「戦役評価」の結果を踏まえて、COA（行動方針）の変更、必要な計画や作戦アプローチの修正、新たな計画の立案を行ないます。図34の「意思決定サイクル」の下半分の段階では、「作戦設計」と「計画作業」が同時に進行します。

通常「作戦設計」ではブレーンストーミング的な拡散的、独創的な思考が重視されます。これに対して「計画作業」は、焦点を絞った分析的思考を主軸とするJOPP*の手法で計画の修正や立案作業を行ないます。COAを選択し命令を起案して「指揮会議（Command Board）」に諮るのも「計画作業」の重要な役目です。

次に計画作成から実行段階における「作戦設計」と「計画作業」のバランスを見てみます（図36）。

まず作戦環境を把握し、問題を定義し、作戦アプローチが作成されます。この初期段階では「作戦設計」が中心となります。作戦アプローチが完成すると、指揮官の計画指針が示され、JOPPに沿った「計画作業」が本格化します。

この段階から徐々に「作戦設計」から「計画作業」に比重が移ります。作戦アプローチ完成後も作戦環境の評価は継続され、その結果を受けて構想の見直しが続けられます。

作戦が開始されると、3つの「作戦水平線」ごとに作戦評価がなされ、作戦遂行に必要な「計画作業」を続けつつ、必要に応じて作戦アプローチを修正します。その場合、一時的に「作戦設計」の比重が高まります。

作戦を遂行しながら限られたマンパワーと時間でバランスをとりなが

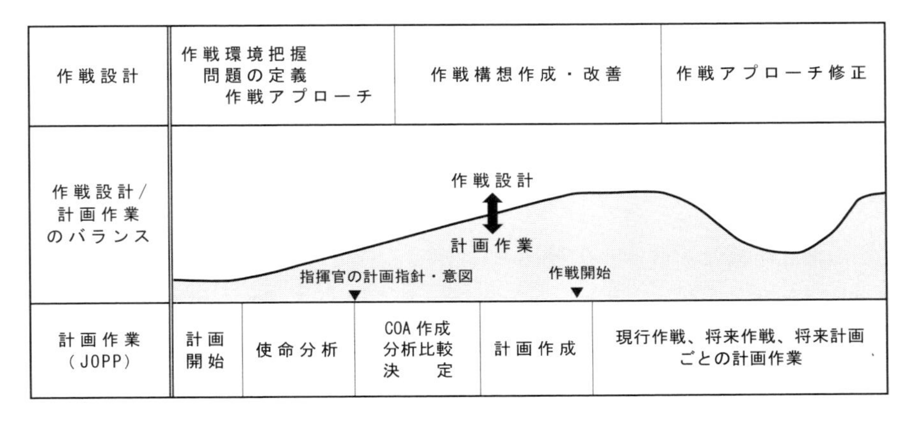

図36 作戦設計と作戦計画作業のバランス（IB Joint Operations〔旧版〕,The Balance Between Design and Planning”にもとづき著者作成）

ら効率的に作業するには指揮官の明確な指針と意図が不可欠です。

第４段階：指揮（Direct）

「意思決定サイクル」の最終段階として、指揮官の経験や直感を活かした「作戦術*」を最大限に発揮して、実際の作戦として具現化して勝利を目指すための指揮統制を行ないます。

指揮統制は、下位指揮官に権限を委譲したうえで、交戦規定（ROE: Rules of engagement）と上級指揮官の意図（DIM*：Daily Intention Message）を定期的に示す「分散型作戦遂行（Decentralized execution）」を基本にします。これは、戦術レベルの指揮官が統合部隊全体と同期しつつ情勢の変化に柔軟に対応できる方式です。

この「分散型作戦遂行」方式は、複数の脅威が同時に出現する脅威の「複合化」や統合作戦の「複雑化・高度化」において適切な指揮統制を迅速に行なうためのものです。国際法規を順守して作戦の正当性を確保し、何よりも国家指揮権者*（NCA*）の意図に沿った一貫性のある作戦を行なうために必須です。

さらにサイバー攻撃を受けた際に既存のC²*（指揮統制）システムは使用不能となる可能性が大きいため、この「分散型作戦遂行」方式に習熟しておく必要があります。

作戦レベルの指揮官は、発令された命令が意図どおりに実施されるように監督して、指揮下の部隊を「決勝点*」へ導くこと、「分岐策」「事後策」の決心を誤らないこと、好機を見逃さないことに留意します。

「統合作戦センター」の運用

指揮会議（Command Board）や毎日行なわれる「アップデートブリーフィング（DUB*：Daily Update Brief）」で決定され、指揮官の決裁を受けたDIM（Daily Intention Message）や各種命令を発令し、モニターするのは「統合作戦センター」の重要な役割です。

さらに「現行作戦」枠内の事態の急変や突発事象への対処、そのような緊急事態での指揮官の意思決定に資する「決心支援マトリックス*」（DSM：Decision Support Matrix）の準備も作戦センターの重要な機能です。

また、指揮官不在時や時間的余裕のない場合の権限委任要領を含む標準対処要領（SOP：Standard Operating Procedure）を整備・訓練することで作戦センターの機能は大きく向上します。

「アップデートブリーフィング」は、指揮官の情勢把握と幕僚に対する指針、意図を示す場として重要です。司令部によっては、CUA（Commander's Update Assessment：指揮官アップデート評価）あるいはBUA（Bat-

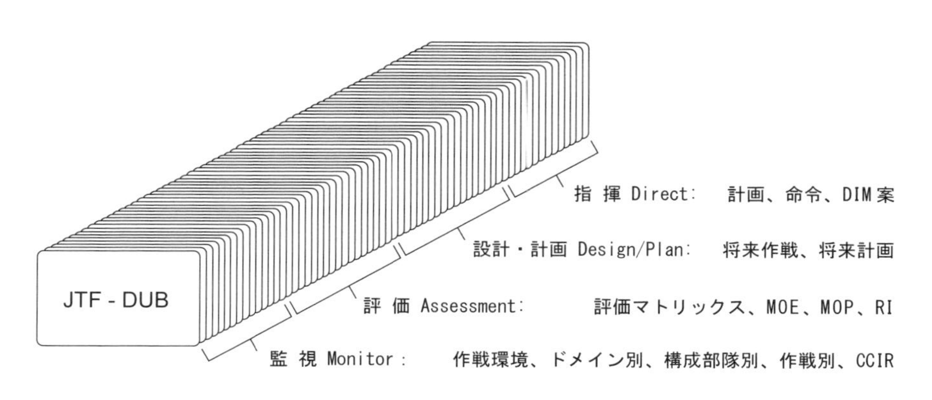

図37 DUBスライド構成の例（著者作成）

tle Update Assessment：戦闘アップデート評価）と呼ばれています。

通常「アップデートブリーフィング」では、作戦や部隊の現況、事象の分析、作戦と計画の同期状況、「現行作戦」「将来作戦」「将来計画」に関する指針案について、指揮官の「意思決定プロセス」に沿ってブリーフィングを行ないます（図37）。

ただしすべてを網羅的にブリーフィングするのではなく、必要な問題を短時間で把握してもらえるよう内容にメリハリをつけます。

まさに「凡人はすべてを知ろうとするが、賢人は要所だけを把握する。古人曰く『すべてを守ろうとする者はすべてを失う』。些事を捨てて要所を追求せよ！」（フレデリック大王『将軍たちへの指示』より）です。

この「アップデートブリーフィング」には多くの指揮官や幕僚が参加するため、短時間で終わらせることが重要ですが、若干の時間で説明でき、席上で決裁を得られるような指針、意図、計画、命令の案はこの場で処理すると効率的です。

このときのブリーフィング資料は、関係する司令部、部隊間の同期化のために重要で、資料のフォーマット作り、集成・配布は作戦センターが担当します。

6）「作戦指導」に求められるポイント

指揮官の「作戦指導」として、命令が意図どおりに実施されるように監督して部隊を「決勝点*」へ導くこと、「分岐策」「事後策」の決心を誤らないこと、好機を逃さないことはすでに述べました。ここでは「事態予測*」と「警戒」の重要性、あわせて指揮官の「存在意義」と「直感」について考えてみます。

事態を予測して好機をつかむ

司令部の仕事は「監視」だからといって、じっとディスプレイを眺めていればすむというものではありません。それでは作戦上の好機を逃し、やがて部隊は「主動*」を失ってしまうでしょう。

「奇襲の機会を見逃さないことは軍事天才の本性である。戦いでは、ただ一度だけ奇襲できる瞬間がある。天才はそれをとらえる」とはナポレオンの言葉ですが、我々の行なう「監督」の段階では「事態予測」と「警戒」が重要となります。

「事態予測」とは、作戦計画発動後の予期せぬ状況を防止し、乗ずるべき好機を逃さないために、継続的に敵の行動を予測し続けることをいいます。ただし、「事態予測」には限界があるので、完全にリスクをなくすことは不可能です。

また、遭遇しうる「事態予測」にとらわれすぎる指揮官は、敵の欺瞞に陥りやすいともいえます。このため「事態予測」の根拠となった情報について継続的に監視は行なうものの、可能なら「レッドチーム」による「競合仮説分析」（第6章第4節参照）で欺瞞の可能性を評価します。

ある囲碁の名人は「勝利」について次のように語ったといいます。

「勝機はちらっと見える。その勝機はちらっと見なければならない。これを大きく見たり、見逃したりすると勝利は来ない。勝機を掴んだらますます緊張して真剣に奮戦する必要がある」

この言葉に「事態予測」の重要性と難しさが示されています。指揮官が敵の動きを評価して好機と判断するには、作戦全体を大きく俯瞰しつつも、あらかじめ着眼点を絞っておくことが大事です。大量の情報の中に埋もれかけた些細な兆候を「瞥見（べっけん）」してつかみます。その着眼点が、指揮官のCCIR（重要情報要求）に含まれていればベストです。

好機をつかんで攻撃準備にかかっても、遠からず敵はその動きを察知し、結果として好機は去ってしまうことがあります。このような敵と味方の相互作用を「警報のパラドックス（Paradox of warning）」といいます。

名人の「ちらっと見える、ちらっと見る」の言葉のように、好機は「凝視」ではなく「ちら見」でつかみ、敵に察知されないよう行動することが重要だと思います。

「警戒」について

「警戒」は「事態予測」と密接に関係します。予測に基づいて情報を収集し、敵情を把握しない限り部隊の安全は確保できません。まさに『孫子』の「彼れを知りて己れを知れば、百戦して殆（あや）うからず」です。

「警戒」とは、敵の奇襲を防ぎ、友軍の攻撃力発揮の時機までその戦力を温存し、その企図を秘匿して敵との間合いを詰めることです。

この「警戒」にどのくらいの兵力、資源を割くかは作戦の状況に応じて決定されます。過大の兵力を充当することは兵力の「経済の原則」（付録3）からも避けるべきですが、警戒兵力の出し渋りが敗因となることも少なくありません。

したがってその匙加減は指揮官の健全な判断力にかかっています。「警戒」を強調しすぎると、つかみかけた勝機を逃しかねません。この慎重さと果断さの兼ね合いこそが指揮官の「作戦術」の真骨頂です。事前に「ウォーゲーム」でこのような場面を検討していたかどうかも問われるところです。

指揮官の「存在意義」

これまで司令部の態勢作りにおける指揮官の役割について説明してきましたが、最後に指揮官の「存在意義」について考えてみたいと思います。

日本海軍が大敗を喫したミッドウェー海戦時の指揮官、南雲忠一長官に対する幕僚の評価は次のようなものでした。

「長官は幕僚の進言を非常によく容れる人であった。いつでも自分の起案した命令案がすらすら通ってしまい空恐ろしいくらいだ。自分の判断一つで国運が左右されるかも知れないと思うと重大な責任感に圧迫され自然と委縮してくる。ほかの長官のように必ずチェックしてあらゆる角度から叩き直して突っ返してくれると、こちらも安心して自由奔放な作戦構想も練れるというものだが……」

指揮官として、有能な幕僚や部下指揮官の全能力を発揮させるため、任せるべきことは信頼して委ねることはいうまでもありません。しかし、それが放任や全面的依存になっては問題です。

作戦設計の考え方やJOPP、意思決定サイクルを上手に活用して自らの構想や方針を明確にし、それから逸脱するものは厳格に規正し、その枠内で幕僚長を上手に活用して部下に手腕を振るわせる。これがあるべき指揮官の姿だと思います。なんでも幕僚のいいなりではかえって部下を委縮させることになります。

指揮官の「意思決定サイクル」は部下が回してくれるものではなく、指揮官自身がリーダーシップをとって空回りしないよう、司令部の能力を見ながら回すべきものです。

指揮官の「直感」を活かす

指揮官に求められる資質のひとつとして、「直感」を正しく活かすことが求められます。重大な戦機に際して、機を失せず自らの「直感」を活かして即座に主導性を発揮することが指揮官には期待されます。

「ほかの人々が意外とするような情況において、言うべきこと、為すべきことが一瞬の間に神秘的にわが胸に浮かんでくるのは、天才によるのではなく反省（Reflection）と熟慮（Meditation）によるものである」といったのはナポレオンです。以下、失敗学で有名な畑村洋太郎東大名誉教授の著書『組織を強くする技術の伝え方』にある「守・破・離」の考え方をもとに「直感」について述べてみたいと思います。

手本どおりにすることを求められるのが「守」の段階。これは面倒で面白くありませんが、徹底的に真似ているうちにその本当の内容や意義を自分なりに理解できるようになります。JOPPに初めて触れた幕僚の心境でしょうか。

多くの人は「守」で満足しますが、この段階まで来た人の中には、創意工夫して、よりよい方法を試せる人がいます。作法や型を破る「破」の段階です。実際の作戦経験を積み、戦史やドクトリンなどの型や手法を身につけ、意識して行動した人だけが進歩を続けられ、「独創性」を発揮できるようになります。

このときの試行錯誤や独創性はしっかりとした経験と根拠に基づくものなので、致命的な失敗を犯す確率は低く、より合理的な方法の創出につながる可能性が高いといえます。

このような試行錯誤を繰り返した人は、知識と経験に基づいて前例を踏襲するだけではない別のものを自分の力で創出できるようになります。これが「離」です。このレベルに達した人は、従来のものを適切に運用するだけでなく、作戦環境の変化や外部からの新たな要求に合わせて作戦アプローチを作りかえることのできる優れた「作戦術」の持ち主となります。

このレベルの人は、自身の経験や知識に加えて、先人の理解などを織り込んで判断できるので、作戦計画のおかしなところを一瞬で見抜き、作戦状況に応じた適切な行動方針を瞬時に思いつく、優れた「直感」の持ち主になるでしょう。

このような「直感」は、幕僚が積み上げた分析や検討では結論が得られない困難な状況や、瞬時の意思決定を求められる危機的状況において活かされます。「直感」に基づく判断を下せるのは指揮官の自信の表れでもあり、戦う組織を指揮するうえでかけがえのない資質です。

ただ「直感」の力に懐疑的な意見もあるでしょう。いま目の前で「発揮」されようとしている指揮官の「直感」は正しいものなのか、ただの「山勘」や「はったり」ではないのか。仮に「直感」が本物だとしても日常的に「発揮」されたら幕僚が真剣に考えることをやめて指揮官に依存してしまうのではないか。いずれももっともな懸念です。

このような意思決定の「落とし穴」を防ぐために「悪魔の代弁者」や「レッドチーム」による批判的思考や手法があります。次章ではこの点について詳しく述べたいと思います。

第５章のまとめ

作戦の実行段階における司令部の態勢を確立して指揮官の意思決定サイクルが迅速、的確に回るようにすることは作戦の成否を左右する重要なポイントです。

事前に準備された指標による作戦評価や意思決定支援ツールの活用はもちろんのこと、指揮官の「経験や直感」を活かした「事態予測」や「警戒」が効果的な作戦指導のためには極めて重要です。事前に明らかとなった不確実性の幅は確実に網羅し、予想外の事態にも迅速かつ柔軟に対処できるようにします。

しかし、分析的・論理的であるべき意思決定が「経験や直感」に基づく作戦指導によってゆがめられていないか、妥当性はあるのかという疑問が生まれます。それらの疑問を軽減し、解決するための手法が第６章で述べる批判的思考を中心としたツールとなります。

第6章
意思決定を阻害する「落とし穴」

この章では、意思決定を阻害する「落とし穴」とそれを回避する方法について述べます。

意思決定を阻害する「要因」「落とし穴」は、意識することである程度回避することが可能ですし、「レッドチーム」を機能させればなお効果的です。

1）意思決定に際して個人については「論理上の誤り」「バイアスの影響」「自分本位の見方」「問題の捉え方」「自信過剰や悲観」などに注意します。
2）一方、組織としては「集団思考」「組織的慣性」などに注意します。
3）司令部から独立した立場で計画作業を支援するのが「レッドチーム」です。
4）「レッドチーム」は批判的思考や手法による意思決定支援、さまざまな分析手法による敵の欺瞞の看破、「ウォーゲーム*」における敵の模擬などを行ないます。
5）「レッドチーム」の代替分析などは作戦につきものの不確実性との戦いの最後の砦といえます。
6）効果的な「レッドチーム」活動には、レッドチーム自身の建設的な活動、指揮官をはじめとする同チームへの理解が必要です。

1）個人に起因する要因

論理上の誤り

意思決定を阻害する要因には、大きく分けて個人に起因するものと組織（グループ）に起因するものがあります。ここでは、まず個人に起因する要因から見ていきます。

情勢が緊迫した時点で行なわれる兵力の展開や増強は、「抑止*」となるか、あるいは「挑発」となってエスカレーションを招くかは、たびたび議論される難しい問題です。

いったん何らかの行動をとると連鎖反応的にほかの行動を引き起こすので、安易に行動すべきではないとの主張がされることがあります。この場合、「連鎖反応」が起こる根拠は示さないまま「何かあったらどうするのか？」という一方的な主張で相手を追い込み、反論を封じます。このような論理的に誤った手法を「滑り坂論法（Slippery Slope）」といいます。

ほかにも感情や恐怖に訴える論証、論点先取り、因果関係の誤り、過度の単純化など、個人に起因する「一般的な論理上の誤り（Common Logical Fallacies）」が知られており、注意が必要です（付録５）。

バイアスの悪影響

１）追認バイアス

人には、すでに信じていることを再確認するために情報を求めたり、新しい情報が得られても、既存の判断を補強するように解釈したりする傾向があります。このような認知したいものを選んでしまうことを「追認バイアス（Confirmation Bias）」といいます。

これにより、それまでの理解と相反する可能性のある情報を見過ごしたり、過小評価して誤判断の原因となります。

フォークランド戦争で、アルゼンチンは既成事実（島の占領）さえ作れば、海軍力削減を進めていた英国は困難な再占領作戦は行なわないだろうと評価していました。不利な情報が耳に入りにくく、有利な情報は入りやすい独裁政権特有の弱点もあったと考えられますが、評価の見直しは行なわれず、都合のよい解釈に終始して誤判断しました。

2）現状維持バイアス

追認バイアスと似たものに「現状維持バイアス（Status Quo Bias）」があります。これは、無意識のうちに、現在の傾向は続き、将来は過去の延長線上にある、あるいは状況が変化するとしても対処できる程度のペースだろうと考えてしまう傾向のことです。変化の兆候が見えているにもかかわらず、本格的な検討がなされないまま、重大な変化が見逃されることになります。

戦前の日本海軍は海上戦闘において航空兵力が主役となることを見越していた数少ない海軍でした。ハワイ奇襲作戦でそれが実証されたにもかかわらず、さまざまな原因で大艦巨砲主義から脱却することはできませんでした。その理由のひとつに「現状維持バイアス」があったと考えられます。

3）埋没費用バイアス

変化への対応を遅らせるバイアスが「埋没費用バイアス（Sunk-cost BiasまたはLoss Aversion）」です。これは、状況が変化しているにもかかわらず、以前の決定に基づき非論理的な行動をとってしまうことです。以前の決定が誤りで回収不能なコストであることを認めることを先送りする、いわゆる「損切り」できない状態ともいえます。

太平洋戦争の開戦に際し、まずは中国戦線の大幅な縮減が課題でしたが、物質的な利権、基盤喪失に加えて、それまでの日本軍の犠牲を否定してしまうことになるとの主張に押されて撤退できませんでした。巨額の予算で建造した戦艦群を無用の長物と化してしまう大艦巨砲主義の放棄を遅らせた一因も「埋没費用バイアス」といえるでしょう。

4）隠れた前提バイアス

バイアスの最後は、個人の考え方そのものに潜むものです。人はそれぞれ意識的思考のベースになる無意識的な前提、歴史的類推、思考の枠組みを持っています。これが分析・計画作業で意図しない形で姿を現わす可能性があります。これが「隠れた前提バイアス（Hidden Assumptions）」で、本人がこれを意識していないと、重要な情報を見逃したり否定的に取り扱ったりして、分析・計画作業の基盤を歪めることになります。

「ミラー・イメージング」と「自文化中心主義」

バイアスと異なり、敵に関する判断に自分本位の見方や価値観を投影してしまうのも典型的な間違いです。

1）ミラー・イメージング

自己の行動を規定している価値観、文化的規範、ドクトリン、認識、制約要因を敵にも投影して、その思考や行動を誤判断することを「ミラー・イメージング（Mirror Imaging）」といいます。

判断に必要な情報が欠けていても、論理的一貫性を求める心理的要求から、自覚も意図もないまま、本人の理に適う形で情報を埋めてしまい、誤った計画、見積り、決定の基盤を作ってしまうおそれがあります。

フォークランド戦争開戦前、アングロサクソン系の英国は「今日、他国の領土を武力で奪うといった無法がそのまま許されると思ったら、その為政者はどうかしている。サッチャー首相が艦隊を送ったのは、別に彼女が鉄の女だからではなく、世界が注視するなかで、英国の意思力が試されていると感じたからだ」と考えました。

一方、ラテン系のアルゼンチンは「ラテンアメリカでは力の行使は最も日常的なものとして行なわれている。１人も殺さず、しかも武力によって政権が変わることも常に起こっているではないか。マルビナス（フォークランド）奪還作戦もその１つだった。それを何と大時代的な艦隊を率いて取り戻しに来るなど、英国人の気が知れない」と考え、相手の意図を読み違えました。

2）自文化中心主義

自分本位の見方により引き起こされる誤判断に「自文化中心主義（Ethnocentrism）」があります。自分の属する文化、民族を基準としてほかの文化を否定的に判断したり、低く評価してしまい、結果として、敵の能力を過小評価し、根拠のない自信過剰に陥り判断を誤ることになります。

太平洋戦争に際して、日本は「神国なり」として、米国の民主主義、自由主義を目の仇にして、米国人の生活態度まで軟弱、惰弱と決めつけ、米軍恐れるに足らずと下算しました。一方の米国も、日本人は内耳に欠陥があり、近視も多く平衡感覚を欠くので飛行機の高等な操縦はおぼつかないと誤判断していたことが知られています。

問題の捉え方

1）枠組みの罠

問題の捉え方によっても意思決定は大きく影響を受けます。

とくに枠組みの当てはめ方は重要で、それ次第で課題の理解に影響を与え、解決のための選択肢も変化します。それが「枠組みの罠（Framing Trap）」です。

フォークランド戦争で、侵攻されたフォークランド諸島を大きな犠牲を払って原状回復することは、英国にとって同諸島の戦略*的、経済的価値の乏しさや少数の住民の自決権を守るという枠組みで考えれば、議論の分かれるところでした。一方、国際秩序や国家威信の維持、ほかの海外領土の維持という大義名分や国益全体の枠組みで考えれば、奪還作戦は十分に説得力を持つもので、英国はこちらを選択したわけです。

2）「政策バイアス」と「専門性パラドックス」

課題に対する枠組みの問題に加えて、視野の広さも重要です。上司がある政策形成を念頭において、評価作業を要求した場合、良心的な分析官なら特定の立場を支持するような評価とならないように留意するでしょう。しかし、その分析がいかに公正、客観的であったにせよ、上司が関心を持つ分野を明示した以上、限られた時間やマンパワーのもとでは、分析の重点はほかの重要な要因を含むより広い分野からは逸れ、意図せずに「偏り」が出る可能性があります。これを「政策バイアス（Policy Bias）」と呼びます。

また、俗に「専門バカ」という言葉があるように、過去に特定の課題に深く関与し、その分野の知見が深ければ深いほど関係する情報に集中してしまい、それ以外の新しい情報を受け止めることが困難になる傾向があります。これを「専門性パラドックス（Paradox of Expertise）」といい、初期兆候の軽視や見落とし、生じた変化や現況の誤解釈が懸念されます。

心理の問題

1）「自信過剰」と「過度の悲観」

戦史を紐解けば、自信過剰や過度の悲観の事例に事欠きません。成功確実と考えて行なう計画作業には「自信過剰（Over Confidence）」の危険があり、逆に失敗するかもしれないと考える計画作業では「過度の悲観（Over Pessimism）」の影響を受けやすいものです。

なかでも直前の作戦結果が指揮官や幕僚の思考や判断に与える影響は大きいといえます。

ミッドウェー海戦では、半年前のハワイ奇襲作戦の成功からくる驕りと油断が見られました。主力部隊の出撃が１日遅れてしまったにもかかわらず攻略日を延期しなかったこと、敵機動部隊の所在をつかんでいながら連合艦隊*旗艦「大和」の所在が暴露しないよう電波封止を続けて部下指揮官に知らせなかったこと、秘密保全がほぼ為されていないに等しかったことなどがその実例です。

2）計画との戦い

自信過剰に起因するもう１つの問題は「計画との戦い（Fighting the Plan）」です。計画や見積りを完成させた担当幕僚やチームが、その労力、プライド、所有権的発想にとらわれて、見直しを要する状況の変化を認めたがらず、必要な計画修正がなされない現象です。この結果、いわゆる「敵ではなく（適合性のない味方の）作戦計画と戦う（Fighting the plan and not the enemy）」状態に陥りかねません。

時間的制約が引き起こす諸問題

１）情報過多

時間的制約とマンパワー不足は司令部勤務の代名詞のようなものかもしれません。もたらされた情報量が個人またはグループの処理能力を超えている場合、「情報過多（Information Overload）」となるのは必定です。

手早く処理するために、使い慣れた仮定*や枠組みに適合する情報を採用し、新たな考え方を検討しなければならない情報は無視あるいは軽視される傾向が見られます。これにより、誤った仮定や枠組みが放置され、本格的な検討を要する情報の端緒を逸する可能性が考えられます。

２）過度の単純化と視野狭窄

また、時間的制約と情報過多のもとでは、物議をかもさない分野や単純な枠組みにあてはまり、扱いやすい情報に焦点を絞る傾向、すなわち「過度の単純化（Oversimplification）」と「視野狭窄（Tunnel Vision）」が見られがちです。それが行きすぎると、状況の変化に関わる重要な情報やその解釈が考慮されないおそれが出てきます。

３）便宜解決

さらに情報過多や過度の単純化がエスカレートして、「便宜解決（Assuming Away the Problem）」といわれる現象が見られることがあります。これは、課題の検討に際して当否は別にして、とりあえずの解答が手早く示せる仮定、思考枠組みを当てはめてしまう、俗にいう「やっつけ仕事」です。作戦*の成否がかかる場合には、なんとしても避けたい現象です。

その他の要因

最後に幕僚や指揮官が陥りやすいその他の要因を見てみます。

1）追加情報期待

時として、検討作業は十分になされたはずなのに、なかなか結論が報告されないことがあります。このような場合の原因の１つに「追加情報期待（Failure to Make the Call：トランプでコールを宣告し損ねた状態）」という現象があります。

分析評価作業では、情報の量より質が重要で、ある追加情報が得られたことで、信頼性の高い結論の決め手となった経験を持つ分析官や幕僚は多いと思われます。このような経験から、さらなる情報を期待して、現在利用可能な情報で結論を出すのをためらう傾向がこれにあたります。

このような場合、結論を急(せ)かすと、その分析は当たり障りのない利用価値の低いものになりがちです。したがって与えられた時間内に分析を絞り切れない場合は、幕僚に対し前提条件付きの結論、ECOA（敵の行動方針*）１と２、あるいは合理的な選択肢を示すように仕向け、あとは指揮官が判断するという態度を見せることが重要です。

2）アンカリング

最初に与えられた情報に引きずられて、その後の判断に影響を受けることを「アンカリング（Anchoring）」といいます。

太平洋戦争の開戦前年に行なわれた日本海軍の図上演習で「海軍は開戦後２.５年分の燃料を蓄えているが、米英の全面禁輸を受けると、４、５か月以内に南方武力行使を行なわなければ主として燃料の関係上戦争遂行ができなくなる」との研究結果が出ました。

以後この結果が、「戦争持久可能２年論」とともに、開戦時期を経済封鎖後４～６か月とする認識に大きな影響を与えることになりました。

3）「ハロー効果」「熊手効果」「弁舌の優越」

本来の能力や品質に関係なく、ある一面の特徴によって評価が影響を受ける「ハロー効果（Halo Effect）」も、日常でよく見られる現象です。この逆を「熊手効果（Pitchfork Effect）」といいます。

たとえば、あまり長期の訓練をせずピカピカに磨き上げられただけの軍艦を見て精強であると高く評価したり、長期間の厳しい訓練の結果、整備が追いつかず錆びているのを見て士気が低下していると評価したりすることはあり得ます。

また言葉巧みな主張と反論しにくい定説の繰り返しは、時には論理的な分析よりも説得力を持つことがあります。これを「弁舌の優越（Elegance vice Insight）」といいます。

雄弁（うるさくて）で押しの強い個性的な人物が説得力のある「修辞」によって、論理的な分析や標準手続きを押しのけて、検討の場を支配することもままあることです。こうしたさまざまな妨害要因を排除し、適正な意思決定を行ないたいものです。

2）組織に起因する要因

訓練された結束の固いチームは大きな戦力です。しかし、高い専門能力、業務処理の速さ、団結力といったものは、時として組織内の異論や代替思考を抑え、その結果として効果的な意思決定プロセスを阻害し、適切な意思決定に至らないおそれがあります。これは、軍隊のような団結力の強い階級組織においてはとくに警戒すべき問題です。後述する「レッドチーム」を活用するなどして適切に対処する必要があります。

集団思考と組織的思考の問題点

1）集団思考

まず挙げなければならないのは「集団思考（Groupthink）」の問題です。思考傾向の似通ったメンバーからなる団結力の高いグループは、一致団結して合意形成しやすい強みがあります。しかし、この強みは、仮定や代替案の十分な検討を省略して得られたものかもしれません。

このようなグループは、新たな状況が生起した場合や考え方の枠組みを変更すべき状況においては、以下の問題を生じやすく弱点となるので注意が必要です。

①少数の代替案しか議論しない（多くは２案のみ）。
②選択された案の潜在的リスクや欠点が再検討されない。
③初期の評価で不十分とされた案が完全に除外され再検討されない。
④代替案に関する専門家からの情報入手が試みられない。
⑤グループの決定を補強する情報にしか関心を示さない。
⑥考えられる失敗に対する対処計画が作成されない。

２）組織的慣性

組織としての意思決定の問題点としてよく見られるのが、「組織的慣性（Institutional Inertia）」です。

完成した分析評価や計画について、作戦環境も見直しを要するほど大きく変化しておらず、現場の部隊もそれらに習熟・順応している場合、司令部としては現状に対して適合していると判断することになります。仮に見直しとなると、相当の労力を要し、ほかの作業を大きく圧迫することから、多少の状況の変化が生じても既存の計画をなるべくそのまま受け入れようとする傾向は強いといえます。とくにその計画の承認に困難をともなった場合はなおさらです。

このような計画をそのまま使い続けると、現状と合わない部分はそのつど修正となりますが、それは弥縫策（びほうさく）の積み重ねで、作戦の遂行を遅らせることになりかねません。さらにそのつど見直しする労力が、事前にまとめて見直した場合よりトータルでは大きくなる可能性もあります。

３）思考放棄と上司思考

さまざまな理由から、組織として表面的、形式的にすぎない「分析」をして、出来合いの当たり前の対処法を「結論」として示すことがあります。これは「思考放棄（No Think）」といわれる問題です。
いつもの型どおりで本格的な検討は必要ない、緊急性があり改めて分析している時間的余裕がない、既存の選択肢は限られ検討しても無駄であるなど、理由はいくつか考えられますが、まったく検討しない場合よりも、一見分析検討をしたように見えるぶん弊害は大きいと言えます。
思考放棄の一類型として「上司思考（Boss Think）」があります。これは、検討チームが指揮官の欲している結論を知っている場合、忖度して「上司が望む結論ありきの検討」を進めることです。平時においては、このような幕僚を「重宝」する上司もいないとも限りませんが、有事にはその欠陥が露呈するのは確実です。

4）誤った合意

チームのメンバーに起因する問題もあります。どのグループにもほかのメンバーを感化して独自の意見を通す説得力のある人物や、持論を曲げない「信念の人（頑固な人）」がいるものです。
彼／彼女らがよい影響を与えることもありますが、時間的制約の中でグループとして結論を出して次の課題に取り組まなければならない場合、最も声の大きいメンバーの意見や、自説に固執するメンバーに仕方なく妥協してしまう「誤った合意（False Consensus）」が生じることがあります。

5）沈黙思考

どのグループにも雄弁なメンバーがいるように、意思決定に貢献できるアイデアを持ちながら発言しない者がいます。これを「沈黙思考（Silent Think）」といいます。
これらのメンバーは、それ以前の検討で否定的な反応を受けた、専門家の意見と対立している、検討の大勢が決まっており、いまさら無駄と考えている、あるいは計画実施の段階になったら提案しようなどと考えている可能性があります。

6）部族思考

グループのメンバーに、派遣元との調整にあたる連絡官を含む場合、関係する組織の要求が迅速かつ適切に反映されることが期待されます。しかし、これら連絡官が派遣元の要求を実現させることを第一義として調整に臨むと、「部族思考（Tribal Think）」が顕在化することがあります。

これにより関係組織を一様に一定程度満足させる「公約数」的な結論が生まれ、直面する変化や脅威に対応できない可能性が出てきます。

7）調整による劣化

部族思考のほかにも「調整による劣化（Death by Coordination）」があります。グループとして幅広い検討を行ない適切な決定案に至ることができても、その後の個別の担当者による関係先との調整を経る段階で、さまざまな部分に変更が加えられ、一貫性が弱められ、中心的な概念にも妥協的な修正がなされることがあります。最終的に当初案のよさが失われることになります。

8）利益相反

最終的に逃れることが困難な問題が「利益相反（Conflict of Interest）」です。自己の信念や利益を追求する人間の本性から、良心の指揮官や幕僚であっても「レッドチーム」の出した結論や提言が自己の利益に反する場合、それを軽視したり、弱めたり、あるいは排除したりする傾向があり得ます。「悪魔の代弁者」（付録6）を自問すべきです。

9）慢心

最後に、個人と同じく集団にも「慢心（Hubris）」があります。自信過剰と独善に陥った司令部は、分析には間違いがなく、計画はすべての想定を包含し、いかなる想定外の事態や付随した事象も起こらず計画どおりに実行できるものと考えがちで、状況の変化に対応できなくなります。

それればかりか、自己の実力を過信し、敵を下算して軽侮するようにな

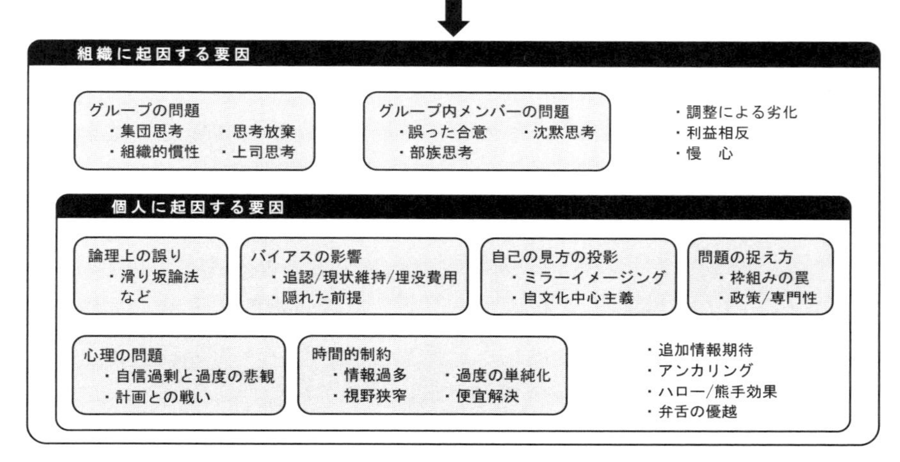

図38 個人と組織に起因する「落とし穴」(著者作成)

り、ついには油断や驕りが生まれます。作戦の経過が順調であればあるほど、この傾向は組織の中に驚くほど速く、広範囲に拡がります。

危急に際して部下は指揮官の顔色を見るといわれますが、指揮官の言動ひとつで不安や恐慌が部隊内に拡散するのに似て、この「慢心」も指揮官の言動による影響は極めて大きいといえます。

以上述べた個人と組織に起因する要因をまとめると図38のようになります。

3)「レッドチーム」で意思決定を支援する

個人に起因する論理上の誤りやバイアスに加えて、「集団思考」をはじめとする組織的要因に起因する問題への処方箋として、作戦の現場で広く用いられるようになったのが、「レッドチーム(Red team)」です。

米軍全体としてのレッドチーム的な取り組みにはかなりの歴史がありますが、作戦の現場における現在の体系化されたレッドチームの手法は、2001年の9.11同時テロを防げなかった反省に基づいて逐次整備されてきました。

「レッドチーム」とは何か？

レッドチームは作戦計画担当グループから独立した立場で、敵を含む他者の観点から計画作業を支援します。誤った思考傾向や先入観、集団思考や不正確な類推があれば再考を促し、さらには独創的な代替案を提示します。不確実性との戦いの重要なツールでもあります。

レッドチームの編成はさまざまですが、常設の専門チームを編成できない場合でも、一般の幕僚が「レッドチーム」のツールを応用して限定的ながらも一定の成果を上げることが期待できます。

レッドチームの主な任務は次のとおりです。

1）意思決定支援

- 対処すべき問題とエンドステート*（作戦終結時に実現されているべき状況）を定義する。
- 代替案の案出、「仮定」に対する再検討、批判的・独創的思考を強化・促進させる。
- 「バイアス」「集団思考」を軽減する。
- 作戦環境に関する認識を拡充し、ほかの文化的・代替的な視点を提示する。

2）批判的検討

- 構想、計画、実施、評価のすべてのプロセスの見積り、評価・解釈に対する批判的検討と独立的な立場からの代替的評価。
- 認識されていない脅威や好機を指摘し、潜在的「ワイルドカード」の影響を評価する。

3）敵の模擬

- 「ウォーゲーム*」において敵、友軍、その他の行動主体の思考や行動を模擬する。

「レッドチーム」の役割

1）悪魔の代弁者（Devel's Advocacy）

この「警句」はレッドチームだけでなくすべての指揮官や幕僚が心にとめるべきものといえます。この狙いは、よりよい案を示すことではなく、検討過程において示される「仮定」「評価」「解釈」に関して、あえて異議を唱えたり自問させることで、再考する機会を与え、代替案を検討させることです。（付録6）

得られた結論や合意はいったん棚上げされ、バイアスを排し、鍵となる情報は再検討されます。それにより観点や枠組みを見直し、分析・計画作業の適正化を図ります。

意思決定過程において、反対意見もなく円滑に合意が形成されていたり、特定の思考に偏っているようなときは「悪魔の代弁者」の手法はとくに有益です。

2）問題のフレーミング支援（Problem Framing）

対象とする問題に正しい枠組みを当てはめ、エンドステートを定義することは、その後の検討作業全般の方向性を左右する極めて重要なものです。とくに計画の初期段階では検討の振れ幅も大きく、バイアスの影響を受けやすいため、レッドチームの貢献が期待されます。

レッドチームは、中立的な立場、代替案の考慮、批判的思考の促進、文化的背景に関する知見により、広い視点から掘り下げた検討を幕僚に促します。

3）重要な仮定のチェック（Key Assumption Check）

レッドチームには、重要な「結節点」でのチェック機能も期待されます。

米国の戦争を振り返ると、最終的には誤りと判明する「仮定*」を十分に検討せずに採用したことで、戦略的失敗を一度ならず犯したことがわかります。たとえば「イラクの自由作戦」の開戦理由になったイラクの大量破壊兵器の保有は最終的に確認されませんでした。

「仮定」とは、作戦計画作業で不可欠な情報が欠けている場合に立てる妥当性のある「仮定」のことです。主要な「仮定」を検討することは初期段階ではとくに重要で、その後も継続的に検討されることで、計画が健全な前提に基づいていることを確認できます。

また、「仮定」を検討するなかで、隠された要因間の関係、事態の展開により新たに問題となるほかの要因、事実や仮定として紛れ込んでいる単なる意見や常套句が明確になり、よりよい代替案の提示につながります。

4）情報の質のチェック（Quality of Information Check）

レッドチームに期待されるもう１つのチェック機能は、結論に至る際に用いられた情報の「質」の確認です。これにより、その結論の持つ潜在的なリスクが判断できます。このような結論を左右するような情報の完全性と信頼性については継続的に確認する必要があり、独立性を有し批判的アプローチが可能なレッドチームがその確認主体として適任といえます。

5）利害関係者のマッピング（Stakeholder Mapping）

レッドチームは、敵の模擬、代替的な視点、文化的知見を活用して、作戦に関係すると思われる利害関係者（組織、部族、政党、派閥、社会的運動、関係国など）の特定や分析について助言し、感化*、交渉に関する計画立案を支援します。

利害関係者それぞれに対して予期される活動のもたらす効果*の程度、意図しない副作用、様子見のグループからの支持を得る方策などを検討します。この手法は作戦設計*段階でとくに有用で、問題の枠組み、作戦環境の把握に応用します。基本的な手順は以下のとおりです。

① 利害関係者を特定する。

② 利害関係者を「友好的」「敵対的」「中間的」に分類する。

③ 利害関係者の相互関係、作戦環境に対する認識、エンドステートの分析や４つの見方分析によりグループ化する。

④ 中間的な利害関係者が希望する効果を図示した非軍事活動系列*（LOO*）を作成する。

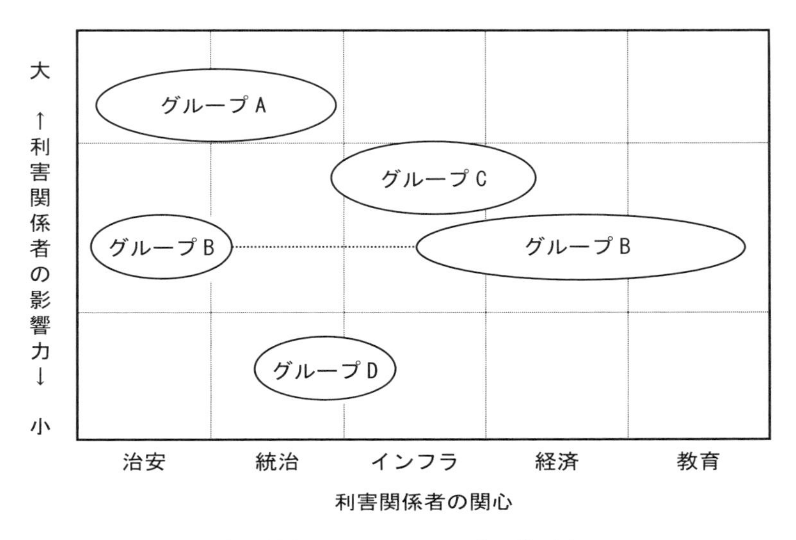

図39 利害関係者のマインドマッピングの例（著者作成）

⑤ 以上をもとに、利害関係者の影響力と希望する効果をマップにして優先順位や分野を図示する（図39）。これに基づき各グループに対する計画を立案する。

6）社会文化的検討の支援（Cultural Expertise）

レッドチームの有する社会文化的知見を活かすもう１つの分野は、敵を模擬する手法を応用して、以下のような作戦環境における主観的な要素に関して評価することです。

情報幕僚部（J-2部）の行なう社会文化的分析が、検証済みの情報に基づくのに対して、レッドチームは、独自の推測をより多く加味した評価を行なうことが期待されます。

① 重要人物の思考傾向や野心
② 国家的、民族的、宗派的な願望や不満
③イデオロギー的、宗教的、文化的な慣習や教義
④ 国家、諸団体、メディアに対する認識、信頼感
⑤ 発生した事案に対する反応、情報操作の効果

⑥ その他国民の認識、行動に影響を与える要因

7）混乱への予防対処（Accounting for Chaos）

計画作業に集中している司令部は、不測事態への警戒がおろそかになりがちです。レッドチームは、計画の実行を阻害する蓋然性は低いが影響度の大きい事象、いわゆる「ワイルドカード」の生起に注意します。「ワイルドカード」の発生が見積られたら、その影響を評価し、局限するよう計画の変更を促します。

以上のようなレッドチームの役割と後述する分析手法が計画作成のどのような場面で適用されうるのかを図40に示します。

役割・手法 ＼ 主な適用場面		使命の分析						COA		ウォーゲーム	COA		作戦実行
		戦略指針の分析	作戦環境の評価	問題の定義	作戦アプローチ	仮定	幕僚見積り	作成	妥当性テスト	敵の模擬	評価・比較	確認	
役割	『悪魔の代弁者』	●	●	●	●	●	●	●	●	●	●	●	●
	フレーミング支援	●	●	●									
	チェック機能				●	●	●		●		●	●	●
	マッピング支援		●		●					●			
	社会文化的検討		●				●			●	●		●
	混乱予防対処												●
分析手法	競合仮説分析		●				●						●
	代替将来分析		●		●		●			●			
	代替データ分析		●				●						●
	拒否・欺瞞検知		●				●						●
	アウトサイドイン分析	●	●	●									
	SWOT分析	●	●	●	●			●					
	高影響度/低蓋然性事象分析						●		●	●	●		●
	起きるとしたら？分析						●		●	●	●		
	事前失敗分析								●	●	●	●	
	指標監視		●										●
	欠落情報補填					●	●						
	文化プリズム		●		●		●			●	●		●
	4つの見方分析		●							●			

図40 レッドチームの役割・手法と主な適用場面（著者作成）

4）「レッドチーム」による批判的検討

「悪魔の代弁者」として異議を唱える

レッドチームは、上記のような意思決定支援のほかに、さまざまな分析手法を用いた「批判的検討」を行ないます。これにより、不十分かつ不正確な情報しかない状況であっても検討の視点と解決策の幅を広げ、最終決定の前に判断の誤りや弱点を明らかにすることができます。

まずレッドチームは、指揮官の意図を理解し、そのニーズを踏まえながら、「悪魔の代弁者」として、あえて「天の邪鬼（あまのじゃく）」ともいえる視点から「建設的な異議」を唱えます。

このときレッドチームの指摘が中途半端だと、幕僚の作業を混乱させてしまいます。したがって、時間的制約と作業の優先順位を指揮官や幕僚長と調整し、対象とする分野や課題を絞り込み、熟考した意見を提示します。同時に成果物の提示や配布、その範囲についても熟慮し、無用の混乱や逆効果を招かないようにします。

1）競合仮説分析（ACH：Analysis of Competing Hypotheses）

レッドチームに期待される批判的検討の中で、敵の欺瞞が疑われる不確実性の高い場面で用いられる典型的な手法が「競合仮説分析」です。

この手法は、司令部の立てた仮説を否定する情報に着目します。そのような情報が「隠れた前提」や「追認バイアス」の影響で誤解釈されないようにすることが「競合仮説分析」の目的です。

まずブレーンストーミングの手法を用いて、考えられる仮説を洗い出し、そのすべてについて関連する証拠をリストアップし、仮説と証拠のマトリックスを作ります。

仮説を肯定するものに「＋（プラス）」、否定するものに「－（マイナス）」をつけ、仮説ごとに肯定と否定の合計点を出します。

図41は、ある部隊の動きをどう見積るかに関して、仮説A「通常の訓練」、仮説B「X島への奇襲上陸」、仮説C「X島への上陸準備」を立て、

仮説 / 証拠	A：通常の訓練	B：X島奇襲	C：X島上陸準備
1　資材の集積	−	＋	＋
2　通信量の増加	＋	−	＋
3　要人の動き	−	−	＋
4　偵察活動の増加	−	＋	＋
5　特殊部隊の動き	−	＋	−
合計：　＋/−	1/4	3/2	4/1

否定する証拠（−）が最も少ない仮説 ＝ 最も確からしい

図41 競合仮説分析の例（著者作成）

証拠として、「１資材の集積」「２通信量の増加」「３要人の行動」「４偵察活動の増加」「５特殊部隊の動き」を挙げて評価しています。

合計点から、否定する証拠（マイナスの数）が最も少ない仮説を「最も確からしい」とし、この場合は「仮説C」が暫定的な仮説となります。

次に、各証拠が間違いや欺瞞であった場合の合計点への影響度を分析します。

たとえば「証拠１」が間違いだったとして、＋と−が単純に入れ替わったと仮定すれば、各仮説の点数はAが２／３、Bが２／３、Cが３／２となり、結論は「仮説C」で変化ありません。

次に「証拠２」が間違いだったとすると、点数はAが０／５、Bが４／１、Cが３／２となり、結論は「仮説B」となります。

同様に「証拠３」が間違いの場合も「仮説B」となり、「証拠２と３」は結論を左右する重要な要因となります。

分析結果として、暫定的な最も確からしい「仮説C」に加えて、現在得られている以外に特定の「新たな証拠」が得られたら肯定される可能性の高い仮説を含めて結論とします。

この「新たな証拠」は、別途、分析の中で特定されうるものです。仮説を左右する鍵となる証拠２と３を引き続きモニターする態勢をとって「意思決定プロセス」を進めます。

2）代替将来分析（Alternative Future Analysis）

この手法はレッドチームが実施する代替分析の１つです。幕僚の作成した単一の見積り結果を受け入れるには、あまりに状況が複雑で高い不確実性があると判断した場合に、複数の将来予測を立てて分析するものです。

一例として、「将来予測」を左右する最も重要な要因のうち不確実性の高い２つの要因を選びます。２つの要因それぞれの不確実性の幅から両極端の「将来予測」を２つ立て、合計４つの「将来予測」をシナリオとしてストーリー化します。

この４つのシナリオに対して、現在の戦略や決定の及ぼす影響度を評価し、必要に応じて戦略やCOA*（行動方針*）を修正するか、そのシナリオが現実になった場合の対処策を準備します。

この手法は、比較的時間と労力を要するものですが、多くの「既知の未知事項（Known unknown）」に加えて「未知の未知事項（Unknown unknown）」が存在する状況では有用なアプローチとなりえます。

3）代替データ分析（Alternative Data Analysis）

レッドチームが実施するもう１つの代替分析の手法です。基本的に通常の情報分析でも用いられる手法ですが、確認された情報に基づくのではなく、通常の分析では排除されるような情報源を意図的に使用するところが異なります。その情報源として、通常の分析で排除されたもの、オープンソース、学術研究のデータが用いられます。

この代替データ分析の結果と通常分析の結果が大きく異なった場合は、その原因となったデータを追加的に収集してさらに分析します。逆に両分析の結果が近似していれば、通常分析の結果の信頼度は高いと判断できます。

この手法は、敵やそれ以外のアクターの要因に見落としが懸念されたり、通常分析の結果に信頼が置けなかったり、敵の欺瞞が疑われる場合に有用です。

４）拒否および欺瞞検知（D&D: Denial and Deception Detection）

前述の「競合仮説分析」と「代替データ分析」を補完するものとして、「拒否および欺瞞検知」があります。ここでいう「拒否」とは情報へのアクセスを敵が妨害することで、「欺瞞」とは情報の内容を敵が操作して味方の分析を誤らせることです。

この手法は、敵が拒否や欺瞞を行なっていないと仮定した場合に把握し得る兆候を注意深く抽出したチェックリストを用います。

幕僚が計画作業や作戦遂行に没頭していると、敵が拒否や欺瞞を行なう可能性が高いと警戒していても、それを検知する余裕がない場合があります。そのようなときは、独立性を持ち批判的検討に慣れているレッドチームが拒否や欺瞞の予知に適任です。

敵にとって欺瞞による大きな効果が期待される局面で、しかも友軍に集団思考や慢心の兆候が見られるような場合は、レッドチームは「拒否および欺瞞検知」の活動を強化します。

ただし、敵が兆候を察知されることなく拒否や欺瞞を行なった場合は効果を発揮できないため、レッドチームとしては「悪魔の代弁者」（付録６）の手法を継続することになります。

５）アウトサイド・イン分析（Outside-In Analysis）

この手法は、外部の作戦環境が特定の課題に対してどのような影響を与えるかを理解するのが目的です。検討作業の初期段階で外部要因の見落としを防ぐのにも有用です。

すでに把握している内部要因をもとに分析する「インサイド・アウト」を、広く外部要因から考える「アウトサイド・イン」に変えることも期待されます。

通常、検討作業の初期段階では、検討に供される外部要因は作戦環境として一般的なものから選定されがちで、対象とする課題への直接的な関係性は考慮されていないことが多いものです。

そこで「アウトサイド・イン分析」は、課題に関係する可能性がありそうな外部要因をできるだけ広くリストアップし、それらを分析しやすいように「PMESII*」の考え方で分野別に分類します。

次に、これらの分野ごとの要因が課題に対して及ぼす影響を演繹（えんえき）的に検討します。逐次すべての分野を検討することで、重要な外部要因が明らかになります。その外部要因のリストに基づいて追加的な情報収集や、作戦環境の分析項目を決定します。

6）SWOT分析

この手法は広く一般にも用いられ、検討段階における要因の見落としを防ぎ、検討分野を適切に定める追加的な手法といえます。

まず、想定される作戦における敵と比較したときの友軍の相対的な強点（Strength）と弱点（Weakness）を列挙します。

同様に敵と作戦環境に関して友軍に対する脅威（Threat）と好機（Opportunity）になりそうなものを列挙します。

これらを図42のように、強点×好機、強点×脅威、弱点×好機、弱点×脅威のセルに分け、それぞれ対処方針を検討します。

この時、弱点と見えたものが作戦のやり方で強点に転じたり、脅威が実は好機だったりすることがあるので、決めつけずに検討することが重要です。

		友　軍	
		強点（S）	弱点（W）
敵・環境	好機（O）	積極的に主動をとる	弱点に乗じられないようにして好機をとらえる
	脅威（T）	強点を生かして脅威を好機に変える	弱点を防護して最悪の被害を防ぐ

注：それぞれのセル内の方針に沿った方策を考察する

図42 SWOT分析の例（著者作成）

7）高影響度／低蓋然性事象分析（High Impact/Low Probability Analysis）

検討チームに考えにくいことを考えさせるのもレッドチームの大きな役割です。

この「高影響度／低蓋然性事象分析」は、現場あるいは戦術*レベルにおいて生起し得る事象のうち戦略レベルで大きな影響を及ぼすもの（現場兵士の悪行を撮影した映像が流出したり、コアリション軍の部隊を味方撃ちして外交問題に発展したりするような事案）を明らかにするものです。

また敵は見積られた最も蓋然性のある行動方針（MPCOA*）をとるとは限らず、意外な事象が将来の戦略環境を規定する要因となり得ます。

レッドチームは、作戦計画の遂行を困難にしかねない、これらの事案の分析を支援します。さらに注意深く立案された計画は支障なく実行されるに違いないと考える指揮官や幕僚の独善や自信過剰に警鐘を鳴らす役割も果たします。

8）「起きるとしたら？」分析（“What If?” Analysis）

この手法は、特定の事象が起こりえないと考える思考傾向に対処するものです。

まず、起きないと考えられている事象が起きたと仮定し、その原因を検討チームに具体的に検討させます。前述の「高影響度／低蓋然性事象分析」と似ていますが、結果の及ぼす大きな影響に着目するのではなく、どのように起こるのかという原因に着目するところが異なります。

この手法は、将来、特定の事象の生起、不生起を固定的に見通してしまう思考傾向にも有効です。同様に、敵のCOA（行動方針）の評価あるいは特定事象に関する警報を出す際にも応用できます。

9）事前失敗分析（Premortem）

この手法は、起こり得る失敗とその可能性を予測するものです。一般のリスク分析と異なる点は、計画が失敗したと仮定するところから始めることです。

計画を完成させたグループの自信や集団思考、誤った安心感に警鐘を鳴らし、COA（行動方針）の前提条件、任務*を再検討させ、計画への執着や所有者意識を打破します。ウォーゲームの前後に実施するのがベストです。以下のような要領で、短時間で実施できる「メンタル・シミュレーション」です。

① 全メンバーが計画の内容を理解する。
② 計画が大失敗したと想定して、何が原因だったかを考える。
③ 各メンバーが個別に考えられる原因を書き出す。
④ 各メンバーの考えをリストにする。
⑤ リストをもとに現計画を検討し、修正を検討する。
⑥ リストは定期的に見直し、異なる種類の失敗を思いついたら書き加えて計画の改善に資する。

10）指標監視（Indicators）

この手法は、「専門性のパラドックス」をはじめとする問題の克服を目的とし、俗にいう「ゆでガエル（Frog on a bath）」防止対策ともいえます。

この「指標監視」の分析法によりレッドチームは、作戦環境に含まれる事象や傾向を指標として定期的に確認でき、変化の兆候を把握し、警報を発することができます。

これらの指標は、現在のCOA（行動方針）を決めた際の主要な要因や考え方の枠組み、仮定などであり、軍事外交、政治経済、社会文化的な事象の中に見いだされるものです。作戦評価で用いる「RI*（Reframing Indicator）」がこれに相当します。

作戦環境以外の要因についても、情勢の転換点となるような監視可能な事象のリストを作り、些細で緩慢な変化の中から警報に値する兆候の抽出に努めることがレッドチームに期待されます。

11）欠落情報の補填（Intelligence Gap Compensation）

最後にレッドチームが批判的検討を進めるうえで、信頼性のある情報が欠落している場合、関係者の思考傾向や認識、歴史的傾向や前例、ワイルドカード事象の潜在的影響を考慮して便宜的に作業目的に限った「簡便な仮説」を立てて分析することがあります。

当然、仮説が誤りとなった際のワイルドカードの及ぼす潜在的影響や高影響度／低蓋然性事象、最悪ケースのシナリオの影響もあわせて考慮しておきます。

このような便宜的な手法により、レッドチームは通常分析において仮定を立てる場合と比べて、証明・説明を簡略化し、大まかなコンセンサスのもとで迅速な分析作業を進めることができます。

ただし、このようなレッドチームの分析結果は、誤った解釈を招かないよう、便宜的な手法で導かれたものと明記して取り扱われなければなりません。

5）「レッドチーム」による敵の模擬

レッドチームは演習、ウォーゲーム、検討作業において、敵や関連するアクターの模擬を行なうことで、幕僚に敵の思考傾向、行動特性に関する理解を深めさせます。

模擬の第一義的な役割は、友軍の行動が敵にどのように認識され、その反応にどのような影響を与えるかを分析して友軍のリスクを軽減することです。

ウォーゲームにおけるレッドチームによる敵の模擬は、その心理状態や思考の形而(けいじ)上の要因に重点が置かれ、主として具体的な行動を模擬する「レッドセル」や「対抗部隊セル」とは役割が異なります。レッドチームの主な手法は以下のとおりです。

1）文化プリズム（Cultural Prism）

この手法は、与えられた状況下で敵や第三者がどのように考え行動するかをレッドチームが模擬するものです。レッドチームは、対象者の思考傾向、動機、認識、価値観、野心、不満、ドクトリン、イデオロギーを踏まえ、その視点から対応を模擬します。

この手法をウォーゲームで活用することにより「ミラー・イメージング」や「自文化中心主義」の影響を軽減・排除することが期待されます。さらにウォーゲーム参加者に敵の考え方や反応に関する理解を深めさせます。

そのためには事前の準備として、敵の立場で敵味方の対立点に関するポジションペーパーや幕僚の提言を作成・配布します。

2）4つの見方分析（Four Ways of Seeing）

友軍に対する敵の見方や思考傾向を理解し、それが計画や作戦に及ぼす影響を分析する手法です。「文化プリズム」の分析を実施する際の基礎になるほか、ウォーゲームの途中で確認のために実施することもあります。

要領としては、評価したい対象、たとえば「強点」「弱点」「脆弱性」「重心*」「COA（行動方針）」について、以下の観点で整理します。

① 味方は味方自身をどう見ているか？
② 敵は敵自身をどう見ているか？
③ 味方は敵をどう見ているか？
④ 敵は味方をどう見ているか？

整理した内容を2×2のマトリックスに書き出し、①と④、②と③の不一致に着目して検討します。マトリックスに同盟国を加えることも考えられますが、作業量の増加に留意します。

6）効果的な「レッドチーム」活動の条件

最後に「意思決定プロセス」の中で大きな役割が期待されているレッドチームが効果的に活動するための条件について述べます。

① レッドチームのメンバーは、批判的思考（クリティカル・シンキン

グ）の訓練を受け、適切なツールを使いこなし、建設的な意見を適切に表現・伝達できる能力を有すること。
② レッドチームは、批判的に思考し組織に異議を唱え、独自のチャンネルを使って調整するという組織文化上、不自然な行動をとるが、指揮官はこれを受け止める度量や見識を持つこと。また旧来の考え方と組織の上司に異論を唱えるレッドチームの立場を司令部全体として支援するよう仕向ける。
③ レッドチームは、揚げ足取りや攻撃的ではない、あくまでも建設的なやり方で、「舞台裏」から指揮官と幕僚の補佐に徹すること。
④ 極力作業の初期段階から参加すること。

なお、③で「舞台裏」をあえて強調しているのは、レッドチームが前面に出すぎると、本来、責任を持って検討作業をすべき幕僚が消極的になりかねないこと、また指揮官によっては「レッドチームがOKを出したから大丈夫」というお墨付きに使ったり、意思決定の責任転嫁に使われないとも限らないためです。

最後に、以上のような手法を駆使し、期待される役割を果たしうる有能なレッドチームを作ることも大事ですが、レッドチームとて万能ではありません。したがって、自らが陥りかねない思考の「落とし穴」を理解し、「悪魔の代弁者」を実践できるような批判的思考能力を備えた有能な司令部チームを育成することこそ、レッドチームを作ることと同じくらい重要なことだと思います。

第6章のまとめ

適切な意思決定をゆがめるものに個人的な要因と組織的な要因があります。それらは、適切なレッドチームの支援を得ることで、意思決定の「落とし穴」を回避できる可能性が高まります。作戦につきものの不確実性との戦いの最後の砦ともいえます。

しかし、レッドチームもすべての問題に対処できるわけではないため、１人ひとりが「悪魔の代弁者」の警句を理解し、適切な手法を活用できるようにしておくことは重要です。

レッドチームが活用されるためには、チーム自身が司令部側との良好なコミュニケーションを保ち、建設的な提言を行なうとともに、指揮官としては、時として天邪鬼的ともなるチームの行動を受け止める度量と識見を持つことが必要です。

おわりに

ビジネスの世界では、製造現場に比べて低いとされるホワイトカラーの生産性の向上が課題だといわれています。これは軍事組織においても同様です。製造現場が現場部隊とすれば、ホワイトカラーは作戦司令部にあたります。

米軍は早い段階から、この作戦司令部の課題に取り組み、「JOPP*（ジョップ：Joint Operation Planning Process）」に見られるような標準化したプロセスを開発し、積極的に普及、改善を推し進めてきました。さらに指揮官の個人芸的な「作戦術」の領域も可能な限りドキュメント化する努力が続けられています。

この米軍の取り組みは、普墺戦争（1866年）と普仏戦争（1870〜71年）に勝利したドイツ参謀本部を手本として始めて以来、連綿と続いてきたものです。

この「標準化した意思決定プロセス」により、作戦の計画と実行に必須なノウハウを、ひと握りの軍事的天才の所有物から、訓練を受けた一般の幕僚が到達可能なレベルに引き下げることに成功しました。この標準化したプロセスこそ、より大規模で不確実性に満ちた作戦に勝利をもたらす原動力といえます。

近年、「クリティカル・シンキング（批判的思考）」や「レッドチーム」の手法を取り込むことで、さらに強化・洗練された「意思決定プロセス」が作り上げられていることは、本書で述べたとおりです。

このような意義のある「意思決定プロセス」ですが、使用にあたっては注意が必要です。意思決定の手順や形式にとらわれすぎて、すべて「決められた手順」を踏み、資料を文書化しようとすれば、限られた時間内に「意思決定」することが困難な場合があります。作戦設計の途中の「分析ステップ」で幕僚が思考停止に陥り、金縛り状態になってしまっては本末転倒です。

「意思決定」に際して、可能な限り情報を集め、分析し、見積り、満点の答えを追求するのは理想ですが、場合によっては、半分の時間と手間で得られた及第点ギリギリの答えのほうが有用なこともあるでしょう。

「意思決定」における時間とタイミングの要素は何よりも重要で、俗にいう「溶けたアイスクリーム」にならないようにしなければなりません。

孫子も「故に兵は拙速を聞く。未だ巧みの久しきを睹ざるなり」（拙い作戦でも迅速であれば成功するが、巧妙で時間をかけた作戦が成功したためしはない）と教えています。

リーダーたる者は、事の軽重を判断して常に優先順位の高い問題に焦点が当たるよう部下を指導し、タイミング*を逸しないことが大事です。

最後に「リーダーシップ」について触れます。本書ではリーダーシップの一側面である意思決定の「技法」について論じました。「戦う組織」のリーダーシップは単なる理念ではなく、結果が求められるものですが、「技法」だけで勝利できるものではありません。指揮官としての人格や資質があってはじめて「技法」が生きてくるのです。

指揮官は「敵にとっては悪魔であり、味方にとっては天使である」と表現したのは、古代ギリシャの哲学者ソクラテスです。

「将軍は戦争のための軍備一切をととのえ、そして兵士たちに糧食を供給できなくてはならぬし、それから奇策縦横で活動的で注意細密で剛毅で機敏でなくてはならず、柔和であるとともに残忍であり、率直であるとともに策謀的であり、慎重であり狡獪であり、浪費的であり、掠奪的であり、気前よしであり、欲深であり、用心堅固であり攻撃的であり、その他たくさんのことに、あるいは生まれながらに、あるいは学習によって、参軍を率いんとする者は、練達していなければならぬ。

陣列配備に長ずるのはもとより良い。なんとなれば、軍隊は陣列の見事に配置されたのは、でたらめなのとくらべて、大変なちがいだからだ。それはあたかも石と煉瓦と材木と瓦とが乱雑に投げ出されてあるのはなんの役にも立たないが、これに反して、腐ること崩れることのない石と瓦とが下と上とに配置され、中間に煉瓦と材木とが、建築におけるごとく組み立てられると、そのときはまことに価値のある財産、家ができ上がるに等しい」（『ソークラテースの思い出』）

英陸軍のモントゴメリー元帥は、その回顧録で「将軍の取り扱う素材こそは人である」と語っています。

「私はあらゆる任務の信条として、戦争中最も重要な関心事は人についての問題だったという事実から人の問題を第一義と考えた。各指揮官は部下を統率する資質を持っていなければならない。また積極性がなければならない。任務をやり遂げるための推進力を持たねばならない。さらに彼らの部下を鼓舞する人格や能力を持つことが必要である。なかでも精神的勇気、不屈、戦局が勝敗の岐路に立っている場合の決断力を具備していなければならない。

おそらく指揮官の持っている最も偉大な資質の一つは、その計画や運用について確信を持ち、これを部下に徹底させる感化力であろう。その結果が内心おぼつかなく思える時ですら部下に自信を持たせて勝利に導くだけの能力が必要である。それゆえ総司令官あるいは軍司令官たるものは、人間についてよき判定者たることが必要で、適時に適材を適所に配置することができなければならない」（『モントゴメリー回想録』）

このように指揮官には多くのものが求められますが、究極的には、リーダーシップとは全人格の発露だと思います。

軍に限らず一般企業でも、環境への対応、危機管理の重視、コンプライアンスの順守、働き方改革など、リーダーに求められるものはますます増えています。コアとなる「業務」に、その能力を最大限に発揮させるためには、的確で迅速な「意思決定サイクル」が必要です。そのためには生産性の高いスタッフ（幕僚）組織が欠かせません。

米軍が長年かけて作り上げた統合作戦司令部の「意思決定プロセス」は、すべての「戦う組織」に参考になるのではないかと思います。

本書はJoint Electronic Libraryに収められている公開資料を基本に、筆者の海上自衛隊の艦隊司令部や米中央軍司令部をはじめとする統合作戦の現場を思い起こしながら、作戦司令部の意思決定技法についてまとめたものです。メルマガ「軍事情報」（2017年10月～2018年３月）で連載したものに図表を加え、大幅に加筆・訂正しました。

海上自衛隊を退職し、セカンドキャリア開始までの数か月間に執筆しましたが、ともすれば専門的になりすぎたり、一般には通用しない軍事用語を無意識に使ってしまう筆者に、草稿の段階から貴重な助言と温かい励ましをいただいた多くの先生、先輩方、そして後輩諸君に心から感謝申し上げます。

並木書房編集部には、本書の企画段階から一貫して不慣れな筆者を励まし導いていただきました。その助力がなければ本書は世に出ることはなかったと思います。ほかにも多くの方々にお世話になりました。記して感謝申し上げます。

2018年９月

堂下哲郎

付録1 平時と危機発生時の計画作業

計画作業は、大きく分けて平時に行なわれる「予測事態対処計画作業（Contingency Planning）」と「危機発生時の計画作業（Planning in Crises）」に分類できます。

1）予測事態対処計画作業

予測事態対処計画作業とは、戦略指針を受けて平時に作成される発動可能な具体性をもった戦役計画や事態対処計画を作成することです。これらにより、地域統合軍司令官は、自らの戦域戦略を現実の作戦として具現化します。

（1）戦役計画（Campaign plan）

戦役（Campaign）とは、所定の時期と地域における戦略上、作戦上の目標を達成するための一連の大規模な作戦をいいます。

統合部隊司令部は、指揮下の構成部隊に任務を割り当て、戦役を計画、実施します。この際、国家的な戦略目標を達成できるように関係省庁、組織の有する国家的能力の総合的な活用に努めます。

戦役計画では、軍事侵攻、地域紛争、人道上の危機、自然災害により、米国の戦略的エンドステートが脅かされた場合において、軍事活動により解決する幅広いシナリオを提示します。また、作戦環境構築活動（Shaping）やパートナー国の能力構築（Capacity building）を含む平常時の活動と事態対処時の作戦を包括的かつ首尾一貫した形で統合し、地域統合軍司令官の平時から有事の戦略を整合させます。

（2）事態対処計画（Contingency plan）

この計画の対象となる「事態」とは、軍の活動が予期される自然災害、人為災害、テロ、破壊活動のうち、大統領または国防長官が指示するものをいいます。

事態対処計画は、計画指針に基づき作成されますが、事態発生時の情勢については仮定による部分が多くならざるを得ません。

事態対処計画は、定期的に見直すこととされていますが、情勢の変化が生じた場合には適宜見直しを行ないます。事態対処計画は、その完成度によって以下の４段階に分類されます。

レベル１　指揮官見積り（Commander's Estimate）

使命達成のための複数の行動方針のうちからとるべき方針を示すとともに、指揮官の見積りなどを含む最も初期の計画。

レベル２　基本計画（Base Plan（BPLAN））

作戦構想、主要な部隊、作戦支援構想、使命達成の時系列見積りを含みますが、計画（付録４）の別紙や部隊展開の細部計画（TPFDD：Time-phased force and deployment data）は通常含みません。

レベル３　概念計画（Concept Plan（CONPLAN））

OPLANの概要を示したもので、OPLANやOPORDを作成するには相当の拡充や改訂が必要なレベルの計画。

通常、BPLANに加えて別紙A（任務編成）、B（情報見積）、C（作戦）、D（後方）、J（指揮関係）、K（通信）、S（特殊作戦）、V（省庁間協力）、Z（配布先）を含みます。これらに加えて、別紙E（人事）を含む場合には、部隊展開の細部計画（TPFDD：Time-phased force and deployment data）が必要となります。

レベル４　作戦計画（Operation Plan（OPLAN））

作戦構想の全部を含む詳細な計画で、必要なすべての別紙が含まれ、迅速にOPORDが起案できるレベルの具体的な計画。

OPLANは、国家安全保障上重要であり、作戦規模や緊急性から事前に詳細な計画を作成する必要がある場合や、多国間の支援が必要な場合などに作成されます。

2）危機発生時の計画作業

この計画の対象となる「危機」とは、軍事的に重大な状況で、大統領または国防長官が米国の国益を達成するために軍の関与を考慮するような事態を指します。このような場合、兆候があっても不明確で、危機の連鎖も考えられることから迅速な意思決定が必要となります。

通常は事態に即応するため、迅速性を重視して過去の計画を最大限に活用します。柔軟性と迅速性を発揮して部隊展開の細部計画（TPFDD：Time-phased force and deployment data）とともに行動方針の承認を得て、計画書や命令を配布し、部隊展開を準備させ、通信支援を確保し、必要な情報活動を計画、開始し、部隊に対する後方支援態勢を整えなければなりません。

平時と危機発生時の計画作業の比較は下表のとおりです。

	平　時	危機発生時
作業時間	指示されたとおり（通常６か月以上）	状況による（数時間～数日、12か月以内）
作成根拠	統参議長が発出する統合戦略能力計画、計画指針、WARNORD	統参議長が発出するWARNORD、PLANORD、国防長官が承認したALERTORD
対象兵力	統合戦略能力計画のとおり	WARNORD、PLANORD、ALERTORDのいずれかに示される
計画指針	統参議長が発出する統合戦略能力計画またはWARNORD 地域統合軍司令官が発出する計画指針	統参議長が発出するWARNORD、PLANORDまたはALERTORD 地域統合軍司令官が発出するPLANORDまたはALERTORD
COA選択	地域統合軍司令官が選択し、統参議長の審査、国防長官の承認	地域統合軍司令官が指揮官見積りを作成し最善のCOAを進言
作戦概念の承認	国防長官が指揮官の戦略コンセプトを承認/不承認/継続検討を決定	大統領/国防長官がCOAの承認/不承認/継続検討を決定
最終成果物	戦役計画 事態対処計画（レベル1～4）	OPORD
最終成果物承認/発動文書	地域統合軍司令官が報告、統参議長の審査を経て、国防長官が承認/不承認	地域統合軍司令官が最終計画を報告し、大統領/国防長官が承認 統参議長が国防長官承認のEXORD発出 地域統合軍司令官がEXORD発出

（JP5-0, Fig II-6 "Contingency and Crisis Comparison"）

付録2 統合作戦における命令の種類

（JP5-0 Fig II-17 "Joint Orders"）

統合作戦で用いられる命令の種類は以下のとおりです。

種　類	命令の内容と発令者
WARNORD： Warning order 注意命令	COAの作成・評価の開始、指揮官見積り発出を命令。 統参議長が発令、部隊展開（準備）を含む場合には国防長官が発令。
PLANORD： Planning order 計画開始命令	大統領/国防長官の承認が予期されるCOAの計画作成を開始。作戦命令または事態対処計画の準備を命令。 統参議長が発令。
ALERTORD： Alert order 警戒命令	大統領/国防長官の承認したCOAの発動計画作成開始、作戦命令または事態対処計画の準備を命令。 国防長官が発令し大統領/国防長官の承認を受けたCOAを通知。
OPORD： Operation order 作戦命令	作戦の遂行に必要な行動を命令。 部隊指揮官が発令。
PTDO： Prepare to deploy order 展開準備命令	部隊の展開準備態勢（５段階）の変更を命令。 国防長官の承認を受け統参議長が発令。 （部隊割当てを含む場合は国防長官が発令。）
DEPORD： Deploy/redeployment order 展開/再展開命令	兵力の展開を命令。展開開始日時（C-day/L-hour）を決定。展開準備態勢を上げJTFを編成。 国防長官の承認を受け統参議長が発令。 （部隊割当てを含む場合は国防長官が発令。）
EXORD： Execute order 作戦発動命令	COAまたはOPORDを発動する大統領/国防長官の決定を伝達。 国防長官が発令。
FRAGORD： Fragmentary order 個別命令	OPORD発令後に同命令を修正・変更するため必要に応じて命令。 部隊指揮官が発令。

付録３ 統合作戦の原則

（JP 3-0 Appendix A, “Principles of Joint Operations”）

いかなる軍事作戦であれ、勝利のために普遍的に追求すべきとされる原則があり、「戦いの原則（Principles of war）」と呼ばれています。

統合ドクトリンにおいては、従来からある①～⑨の「戦いの原則」に、「⑩自制」「⑪忍耐」「⑫正当性」の３つを加えた12の「統合作戦の原則（Principles of joint operations）」を提示しています。

これら加えられた３つの原則は、従来「戦争以外の作戦における原則（Principles of Operations Other than War〔OOTW〕）」とされていた「目標」「統一」「保全」「自制」「忍耐」「正当性」に由来するものです。

①目標（Objective）

すべての軍事作戦を、明確に定義され決定的な勝利に結びつく達成可能な目標に指向する。

②攻勢（Offensive）

攻撃は主動をとり、維持し利用するための最善の方法である。

③集中（Mass）

戦闘力を最も有利な場所と時期に集中させて決定的な戦果を得る。

④機動（Maneuver）

戦闘力を柔軟に運用して敵を不利な位置に置く。

⑤経済（Economy of force）

主作戦において最大の戦闘力を発揮できるよう、他の作戦には必要最小限の戦闘力を用いる。

⑥統一（Unity of command）

すべての目標に対して単一の指揮官のもと作戦の一貫性を確保する。

⑦保全（Security）

味方の脆弱性を減らし敵に優勢を獲得させない。

⑧奇襲（Surprise）

敵の意表を突く時期、場所、やり方で攻撃する。

⑨簡明（Simplicity）

明確で理解しやすい計画と簡潔な命令により作戦を意図どおりに実行する。

⑩自制（Restraint）

不必要な武力の行使を思慮深く避ける。

必要以上の武力行使は、支援勢力からも反感を買い、ひいては作戦の正当性を損ない、敵対勢力の正当性を高める結果になりかねない。部隊の保全、軍事作戦の遂行、そして追求すべき国家目標を慎重に考慮し、状況に適合した交戦規定（ROE）を定めなければならない。

⑪忍耐（Perseverance）

国家目標の達成のための長期間にわたる軍事行動に必要な関与を確保する。

危機の根本的な原因は複雑で、作戦終結のための条件に到達するのに数年を要する例もある。忍耐強さと堅い決意に加え、外交、経済、情報をはじめとする国家的手段で適切に軍事作戦を補完することが必要である。

⑫正当性（Legitimacy）

作戦遂行にあたり法的、倫理的な正当性を維持する。

作戦の決定的な要素である正当性は、合法性、倫理性、そして関係者すべてにとっての公正性によって担保される。また、武力行使の制限、任務に応じた部隊の再編成、現地民の保護、部隊の規律ある行動は正当性を高めることも考慮すべきである。派遣された部隊は、派遣側が考える正当性に加え、可能であれば現地政府からの作戦に対する正当性の評価も維持しなければならない。

付録４ 統合作戦計画標準様式

（JP 5-0 Appendix A ‘Joint Operation Plan Format’）

a 文書番号
b 発出元司令部名
c 司令部所在地
d 計画発効年月日時
e 作戦計画：番号またはコード名
f ○○のための（地域統合軍名）作戦
g 関連文書（計画を理解するのに必要な文書、地図、海図）

１. 情 勢

a. 全 般
(1) 紛争の背景
(2) 政策目的
(a) 米国/関係国の政策目的
(b) エンドステート
(3) 米国以外の国家政策
(4) 作戦上の制約

b. 関係区域
(1) 作戦区域
(2) 関心区域

c. 柔軟抑止選択肢

d. リスク

e. 敵兵力
(1) 敵の重心
(a) 戦略上の重心
(b) 作戦上の重心
(2) 敵の必須要素（必須能力、必須要件、決定的脆弱性）
(a) 戦略上の要素
(b) 作戦上の要素
(3) 敵の行動方針（最も蓋然性の高いもの、最も危険なもの）

(a) 全　般

(b) 敵のエンドステート

(c) 敵の戦略目標

(d) 敵の作戦目標

(e) 敵の作戦概念（CONOPS）

(4) 敵の後方支援及び継戦能力

(5) その他の敵の兵力/能力

(6) 敵の予備兵力

f. 友　軍

(1) 友軍の重心

(a) 戦略上の重心

(b) 作戦上の重心

(2) 友軍の必須要素（必須能力、必須要件、決定的脆弱性）

(a) 戦略上の要素

(b) 作戦上の要素

(3) 多国籍軍

(4) 支援部隊及び省庁

g. 仮　定

(1) 脅威警報/時系列

(2) 事前集積/戦域内支援（含域内各国の支援）

(3) 展開済兵力

(4) 戦略上の仮定（含核兵器運用）

(5) 法的考慮

(a) 交戦規定（ROE）

(b) 国際法

(c) 国内法

(d) 接受国、支援国の政策

(e) 地位協定

(f) その他の二国間条約、取極

2. 使　命

3. 実　施

a. 作戦概念

(1) 指揮官の意図

(a) 目的およびエンドステート

(b) 目　標

(c) 効　果

(2) 全　般

(a) 統合部隊指揮官の目標、望ましい効果、作戦上の焦点

(b) 敵の戦略上、作戦上の重心への対処

(c) 友軍の戦略上、作戦上の重心の防護

(d) フェーズ区分、各フェーズの指揮官の意図

1.フェーズ1：

a. 統合部隊指揮官の意図

b. タイミング

c. 目標および望ましい効果

d. リスク

e. 発　動

f. 部隊運用

(1) 陸上兵力

(2) 航空兵力

(3) 海上兵力

(4) 宇宙兵力

(5) 特殊作戦兵力

g. 火　力

(1) 統合部隊方針、手順、計画サイクル

(2) 統合火力支援部隊

(3) 目標選定兵力運用の優先順位

(4) 作戦機動支援のため統合火力を必要とする区域

(5) 予期される統合火力支援の所要

(6) 火力支援調整手段

2.フェーズ○：（所要のフェーズ）

a.～g.（フェーズ1に同じ）

b. 任　務

c. 調整要領

４. 管理および後方支援

a. 継戦構想
b. 後方支援
c. 人　事
d. 広　報
e. 軍民活動
f. 気象・海象
g. 環境保全
h. 地　理
i. 医務・衛生

５. 指揮統制

a. 指　揮
（１）指揮関係
（２）司令部（所在地）
（３）指揮継承
b. 統合通信システム支援

（署　名）　　　　（指揮官名）

別　紙

A　任務編成
B　情　報
C　作　戦
D　後方支援
E　人　事
F　広　報
G　軍民活動
H　気象・海象
J　指揮関係
K　通信システム
L　環境保全
M　なし
N　なし
P　接受国支援
Q　医務・衛生
R　報　告
S　特殊作戦
T　被害管理
U　（大量破壊兵器）拡散対処指針
V　省庁間調整
W　有事契約
X　発動チェックリスト
Y　コミュニケーション同期
Z　計画配布先

付録5 一般的な論理上の誤り（Common Logical Fallacies）

（JDN 1-16 Command Red Team, Appendix A
“Common Logical Fallacies”にもとづき著者作成）

1 人格攻撃論法（Ad Hominem）

論理的議論でなく、個人の人格を攻撃する論法。

例：「おいぼれ」「ロケットマン」

2 感情や恐怖に訴える論証（Appeal to Emotions, or to Fear）

感情的な言葉を用いて妥当な理由や証拠から注意をそらさせること。

例：「火の海」「世界が見たこともないような炎と怒り」

3 衆人に訴える論証（Appeal to Popularity, or to the Masses）

多くの人々が支持しているという理由で、正当性を主張したり、正しいと結論付けたりすること。

例：北朝鮮は冬季五輪前、米韓軍事演習の延期を狙い、「民族の協力で五輪を成功させようとしている今、軍事演習は白昼強盗の醜態」と米国を非難。

4 誤った権威に訴える論証（Appeal to Questionable Authority）

ある主張を裏付けるために使った権威が、実はその分野の権威ではないために誤謬となったり、権威を無謬とみなしたりして誤りをおかすこと。

例：亡命した政府高官や軍人の証言で大量破壊兵器の存在を根拠として開戦したが、終戦後の調査では発見できず、証言は誤りであった。

5 論点先取（Begging the Question）

証明すべき結論が主張の前提の中にすでに含まれている演繹法の誤り。

例：具体的なオプションや被害見積りを検討しないまま、某国に対する先制攻撃は戦争に発展し膨大な犠牲者が出るため想定できないとして選択肢から除外した。

6 因果関係の過度の単純化（Causal Oversimplification）

不十分な因果関係に基づき、あるいは一部分の因果関係を強調しすぎて誤った結論を導くこと。

例：独裁国の体制変換を目指した戦後統治にあたり、旧体制下での政府職員こそが独裁制の根源であったとして全員追放した。このため戦後復興事業が難航した。

7 因果関係の取り違え（Confusion of Cause and Effect）

原因を結果と取り違えること。

例：海賊被害が増加したため、一般商船は船団を編成して安全確保を図ったが、経緯を知らずに統計だけを見た者が、船団の編成が海賊被害の増加につながったと誤認した。

8 レッテル貼り（Explaining by naming）

適当なネーミングやラベリングを提示しただけで相手を納得させること。

例：無敵艦隊、最強軍団などという言葉を使うときは要注意。

9 誤った二分法（False Dichotomy）

過度な単純化による白黒論法。

例：外交的な解決など他の選択肢があり得るにもかかわらず、開戦か否かの白黒二分論を展開して、反対論を封じたり、他の選択肢の検討を妨害する。

10 類比の誤り（Faulty or Weak Analogy）

計画作業においては、過去の戦例がしばしば参考にされる。しかし、その背景的状況など諸条件が異なっていること、また当時の当事者が意図した結果がそのようになったのか、あるいは偶然の結果としてそうなったのかなど慎重に考えないと、誤った類比や薄弱な類比を用いて結論を導く間違いを犯すことになる。

11 きらびやかな普遍性に訴える論証（Glittering Generality）

詳しい検討なしに承認を得るために、あやふやで感情に訴えるもっともらしい言葉を使うこと。

例：太平洋戦争末期に行なわれた戦艦「大和」を含む海上特攻部隊への訓示では「光輝ある帝国海軍水上部隊の伝統を発揚する…」などの言葉が使われた。

12 早まった一般化（Hasty Generalization Fallacy）

少ない例や一部の個別の事実から全体を判断したり一般的な結論を導いた

りする誤謬。

例：某国の一部の部隊の練度の低さを見て、同国軍全体の実力を下算して誤判断。

13 疑似相関（Neglect of a Common Cause）

２つの事象が共通した原因に起因していることを見落として誤った原因を導くこと。

例：某部隊のクラブでビールの売上が増えると射撃成績が上がるという相関関係が見られたが、夏に射撃訓練のピークがあったことが原因であり、因果関係はなし。

14 前後即因果の誤謬（Post Hoc Ergo Propter Hoc）

ある事象が、たまたま別の事象の後に生起したことをもって、前の事象が後の事象の原因であるとする誤り。迷信の多くはこの誤謬。

15 物語の誤謬（Narrative Fallacy）

関連する、しないに関わらず単なる事実の羅列を、物語として作り上げたり、一定のパターンとみなしたりしてしまう人間の傾向。

例：敵部隊が実際に侵攻作戦を開始したのに、過去の演習時の行動パターンに合致しているとして、今回もいつもの演習だと誤判断。

16 目くらまし論法（Red Herring）

問題とは関係のない目を奪うような情報によって本来の問題から注意をそらさせること。

例：某国は、オリンピックに「美女応援団」を送り込み、メディアの注目を集め、核・ミサイル開発という本来の問題から国際社会の注意をそらすことに成功。

17 藁人形論法（Straw Man）

相手の意見をわざと誤解したり歪めて引用したりすれば批判・反論することは容易になり、それが妥当であるかのように見せる論法。

例：某国に対する経済制裁を強化すべきとの意見に対して、国際社会との関係を断絶するもので軍事的暴発の危険があると意図的に拡大解釈して反対。

付録6 悪魔の代弁者

指揮官、幕僚はもとよりレッドチームも常に自問すべき警句

1 取り組んでいる問題は、正しく定義されたものか？
2 仮定、評価、見積りは絶えず見直されているか？
3 単なる憶測や隠れた前提を事実として取り扱っていないか？
4 分析や評価に標語や常套句、意見や願望、憶測を含んでいないか？
5 分析や評価にもう一つの見方や解釈があり得ることを考慮したか？
6 仮定の間違いが判明したら直ちに情勢を再評価せよ。
7 新たな情報に飛びつくのも拒絶するのも両方危険である。
8 最悪のケースとは、最も蓋然性のあるケースの悪化版ではない。
9 最悪のケースは、最も都合のよいケースより起きやすいもの。
10 考慮すべき行動方針や危機的事態はもう一つあり得るもの。
11 人はみずからの隠れた前提やバイアスに気づいていないもの。
12 見落とされたり間違って解釈された情報は常にあるもの。
13 情報の意味するところを決めつけるのは禁物。
14 危機は平穏の中に潜んでいる。油断大敵。
15 敵は適応し状況は変化する。長期の見積りはもたない。
16 敵は我々のではなく彼らの論理で行動する。
17 ミラー・イメージングは最も典型的な分析失敗のかたち。
18 欺瞞と拒否（※）は違うもの。敵は両方使ってくるかもしれない。
19 欺瞞と拒否はまた、敵の常套手段かもしれない。
20 最悪シナリオとワイルドカードは起こるもの。
21 計画が完全に実行されてもほとんど効果のないことはあるもの。
22 通説、通念への依存は失敗と奇襲を受ける近道。
23 新しい課題に目を向ける前に今の課題に見落としはないか自問すべき。
24 情報の一片でも重要な部分に疑念が生じたら評価をやり直すべき。
25 些細な故意でない圧力は見えにくいが、露骨な圧力より問題を起こしやすい。
26 常に自分が間違っている可能性を考慮する。

（※：欺瞞とは、発信する情報の内容を操作して相手の分析を誤らせること。拒否とは、相手の情報収集能力に応じたカモフラージュにより情報へのアクセスを妨げること）

付録７ 用語・略語集

A2/AD（近接阻止/領域拒否）戦略（Anti-Access Area Denial Strategy）
近接阻止とは、敵の自国に対する侵攻作戦を阻止すること。領域拒否とは、自ら管制する領域内において敵の作戦行動上の自由を妨げることである。フォークランド戦争での英原潜の展開によるアルゼンチン海軍艦艇に対する行動の制約は、領域拒否の一例。

B2C2WG（Boards、Bureaus、Centers、Cells、Working Groups）
会議、局、センター、セル、ワーキンググループの総称

C²
Command and control、指揮統制

CBRN
Chemical, Biological, Radioactive, Nuclear、化学、生物、放射能、核

CCIR
Commander's Critical Information Requirement→重要情報要求

COA
Course Of Action→行動方針

CSAR（Combat Search And Rescue）
戦闘下での捜索救難

DIM（Daily Intention Message）
作戦遂行のため毎日出される指揮官の意図

ECOA（Enemy Course Of Action）
敵の行動方針

EEZ（Exclusive Economic Zone）
国連海洋法条約に基づいて設定される排他的経済水域（天然資源に関する主権的権利や海洋科学調査に関する管轄権などが及ぶ水域）

FDO
Flexible Deterrent Options→柔軟抑止選択肢

FFIR（Friendly Force Information Requirement）
友軍情報要求

IGO（Inter Governmental Organization）
政府間組織

ISR
Intelligence, Surveillance, Reconnaissance、警戒監視情報収集活動

JOPP（Joint Operation Planning Process）
使命を分析し、複数の行動方針（COA）案を作成、分析、比較し、最善のCOAを選定し、計画と命令を作成するための７つの論理的ステップからなるプロセス

JTF
Joint Task Force→統合任務部隊

LOE
Line Of Effort→非軍事活動系列

LOO
Line Of Operation→作戦系列
MDCOA（Most dangerous COA）
最も危険な敵のCOA
MEB（Marine Expeditionary Brigade）
海兵遠征旅団
MEZ（Maritime Exclusion Zone）
英国がフォークランド戦争時に設定した海上排除水域
MOE（Measure Of Effectiveness）
エンドステートや目標の達成状況に関連する作戦環境の変化を評価し、実施された作戦行動の適合性、妥当性を評価する指標
MOP（Measure Of Performance）
友軍の戦術行動の効果を物理的・数値的側面に着目して、数値的、直接的に評価した指標
MPCOA（Most Probable COA）
最も蓋然性の高い敵のCOA
NCA
National Command Authority→国家指揮権者
NEO（Non-combatant Evacuation Operation）
非戦闘員退避活動
NGO（Non Governmental Organization）
非政府組織
NSPD（National Security Presidential Directive）
国家安全保障大統領命令
OPT（Operational Planning Team）
作戦計画チーム
PIR（Priority Intelligence Requirement）
優先情報要求
PKO（Peace Keeping Operation）
平和維持活動
PMESII
政治（Politics）、軍事（Military）、経済（Economy）、社会（Society）、情報（Information）、インフラ（Infrastructure）
RI（Reframing Indicators）
現在の作戦アプローチを見直さなければならないような作戦環境の変化や認識していなかった環境要因の発生を把握するための指標
ROE
Rules Of Engagement→交戦規定
TCP
Theater Campaign Plan→戦域戦役計画
TEZ（Total Exclusion Zone）
英国がフォークランド戦争時に設定した完全排除水域
THAAD（Terminal High Altitude Area Defense Missile）

終末高高度防衛ミサイル

TPFDD（Time-Phased Force and Deployment Data）

作戦計画に基づく作戦資材の調達、輸送、保管の実施者、タイミングと使用部隊、場所に関してまとめられたリスト

ウォーゲーム（War game）

複数のCOA案の分析、比較のために行なわれる図上シミュレーション

エンドステート（End state）

作戦におけるすべての軍事目標が達成された状態

仮定（Assumption）

作戦計画作業を進めるうえで不可欠な情報が欠落している場合に立てる妥当性のある仮定

感化（Influence）

人の意識と態度を心理戦、部隊のプレゼンスといった非致死的手段で変えること

間接アプローチ（Indirect approach）

敵の強点を避けつつ、敵の脆弱性を順次叩く戦い方

危機発生時の計画作業（Planning in crises）

危機発生時に行なわれる計画作業

強制（Constraint）

上級指揮官から実施を要求される事項で、行動の自由を制限するもの

禁止（Restraint）

上級指揮官から実施を禁止される事項で、行動の自由を制限する事項

軍令部

天皇に直属した日本海軍の中央統括機関であり、海軍全体の作戦・指揮を統括した。

決勝点（Decisive point）

友軍が敵に対して明白な優位を獲得するか、望ましい効果や目標を達成することになる使命の達成を左右するような重要な事象や場所

決心支援マトリックス（DSM：Decision Support Matrix）

選択肢とその決定のための条件、決心点のタイミングの幅（最早～最遅）、決心するために必要な材料である優先情報要求および友軍情報要求などをまとめたもの

決心点（Decision point）

分岐策や事後策の選択肢の決定と発動を決心する時期

決定的イベント（Known critical event）

ウォーゲームの焦点を絞るために選定される作戦の中の最も重要な場面

決定的脆弱性（Critical vulnerability）

必須要件のうち決定的な脆弱性のあるもの

現行作戦（Current operations）

作戦水平線のうち現在から向こう24時間程度の作戦

効果（Effect）

ある行動によって生じる状況や敵の行動の変化

交戦規定（Rules Of Engagement）

行動範囲、使用可能武器、使用方法その他の制限を示した行動の基準を定めたもの

行動方針（COA：Course Of Action）

使命を達成するための方法

国家指揮権者（NCA：National Command Authority）
大統領、総理大臣のような国家指導者
コミュニケーション同期（Communication synchronization）
米国の政策、戦略目標の達成のため、対象となる国、組織等に対して、国家としてのテーマ、メッセージ、イメージ、諸活動を整合性、一貫性をもって発信、実行すること。国務省が中心となって省庁間の調整に当たる。軍はこの目的に資するよう戦術レベルの現場に至るまでの整合性を保つよう作戦、諸活動を行なう。従来用いられていた「戦略的コミュニケーション」に替わる用語。
作戦（Operations）、軍事作戦
統一的な目的を追求する一連の戦術行動
作戦アプローチ（Operational approach）
エンドステートを達成するために部隊が実施すべき大まかな行動を示すもの
作戦概念（CONOPS：Concept of operations）
統合部隊指揮官が達成しようとする任務および運用可能なリソースによる達成要領を文章または図により簡潔に表現したもの
作戦休止（Operational pause）
作戦の持続性が尽きる前に主動を保ちつつ、作戦限界点に達しないよう作戦を休止すること
作戦区域（Operation area）
作戦、展開基地（空港、港湾）、上空通過、継戦能力の確保のために軍事作戦上の要求を考慮して決定される地理的な区域
作戦系列（LOO：Lines Of Operation）
目標達成に至る作戦の流れを、決勝点や結節となる点に対する作戦行動を時系列的に示したもの
作戦限界点（Culmination）
作戦を継続した結果、もはや作戦の勢いを維持できなくなる時期や場所
作戦指導
作戦レベルの司令部が指揮下の部隊の作戦について指導すること
作戦終結クライテリア（Termination Criteria）
作戦を終結するために満たすべき状態、条件
作戦術（Operational art）
指揮官と幕僚の作戦に関する経験、素養、直感などに基づく独創的な発想を生かして作戦構想を立てる術
作戦水平線（Event horizon）
変化する情勢を連続的に判断し効率的な作戦を実施するために、現行作戦、将来作戦、将来計画の３つの時間枠に分割して処理する考え方
作戦設計（Operational design）
作戦構想をさまざまなツール、手法を用いて、部隊の大まかな作戦行動を示す作戦アプローチとして具体化するプロセス
作戦リーチ（Operational reach）
統合部隊が兵力を正常に運用できる距離と期間の限界
指揮官見積り（Commander's estimate）
作戦方針を含んだ簡単な計画

事後策（Sequels）
作戦の結果ごとにその後の作戦について計画した選択肢
事態予測（Anticipation）
予期せぬ状況の発生を防止し、乗ずるべき好機を逃さないために敵の行動や生起し得る事態を継続的に予測し作戦の様相を具体的に見積もること
使命（Mission）
目的と任務からなり、とるべき行動とその理由が明確に定義されたもの
使命達成クライテリア（Mission success criteria）
使命を達成したと認める基準
重心（COG：Center Of Gravity）
すべての力と行動が依存する中心であり、すべてのエネルギーを指向すべき点
柔軟抑止選択肢（Flexible Deterrent Options：FDO）
危機発生時において敵対国の行動を抑止するため、外交、情報、軍事、経済などの国家的手段を用いて適切なメッセージを送り、影響力を及ぼすための行動
重要情報要求（CCIR：Commander's Critical Information Requirement）
指揮官が作戦上、タイムリーな決心を行なう上で不可欠な情報要求
主動（Initiative）
相手に自分が対応させられるのではなく、先手を打って相手を動かすこと。中心となって導く「主導」と区別。
将来計画（Future plans）
作戦水平線のうち、将来作戦以降の事後策および次のフェーズの計画を行なうこと
将来作戦（Future operations）
作戦水平線のうち、向こう24～72、96時間程度の作戦
情報作戦（IO：Information Operations）
軍事作戦において各種の情報作戦能力を他の作戦系列と連携するよう統合的に運用して、友軍の意思決定を防護しつつ、敵の意思決定を感化、混乱、無能化、乗っ取ること
スライス
イラクの自由作戦において、敵の重心を分析した際に米中央軍が用いたPMESII各分野を意味する用語
戦域（Theater）
世界を6つの地域に区分した米地域統合軍の責任区域
戦域戦役計画（TCP：Theater Campaign Plan）
地域統合軍指揮官が担当する責任区域において想定される事態に対処するために立案された国家戦略と整合した戦役計画
戦役（Campaign）
一連の関連する複数の作戦（Operation）から成り立っている大規模な軍事作戦
戦術（Tactics）
陸兵、艦艇や航空機といった兵力を適切に配置し、命令により行動させること
戦場の霧（Fog of war）
戦場における状況把握が、その流動性と情報収集の限界から常に不完全であること
戦争指導
政治レベルから戦略・作戦レベルに対して行われる指導、指示

戦略（Strategy）
外交、軍事、経済など、さまざまな国家的手段を同期させ、総合的に用いることにより、戦域および国家レベルで設定された目標を達成するために検討、策定された構想、指針
タイミング（Timing）
最良の結果が得られるよう時間やスピードを調整すること、または調整された時間
戦いの階層（Levels of warfare）
戦略、作戦、戦術の３つの階層。これらを結びつけることで戦勝を追求する考え方
直接アプローチ（Direct approach）
敵の重心に対して戦闘力を直接指向する戦い方
テンポ（Tempo）
作戦速度や意思決定サイクルの周期
統合任務部隊（JTF：Joint Task Force）
特定の任務のために編成され、統合部隊指揮官の指揮を受けて行動する複数の軍種（陸、海、空軍、海兵隊など）からなる部隊
統合部隊（Joint force）
統合部隊指揮官の指揮を受けて行動する複数の軍種（陸、海、空軍、海兵隊など）からなる部隊
同期（Synchronization）
決定的な場所と時期に最大の戦闘力を発揮できるように軍事行動と時間、空間、目的についてアレンジすること。全体の活動に合わせること。
同時性（Simultaneity）
戦術、作戦、戦略各レベルにおいて敵の重心に対して同時に作戦を実施すること
任務（Task）、任務行動
使命に示されたとるべき行動、効果をもたらすための作戦行動の内容
任務編成（Task organization）
任務に必要な部隊を集めて特別な部隊として編成したもの
バトルリズム（Battle rhythm）
関係する司令部や部隊の間で連絡調整を円滑化し、互いの活動を同期化するために定めた活動のサイクル
パブリック・ディプロマシー（Public diplomacy）
海外の有識者等への情報提供や感化ならびに自国民・団体と海外のカウンターパート間の対話拡大により自国の外交政策を推進するために、政府が行なう国際的な対民間公然広報活動
非軍事活動系列（LOE：Lines Of Effort）
多くの非軍事的要因が関係する作戦において、支援分野別に、任務、効果、エンドステートを関連付けたもの
必須任務（Essential Task）
明示任務と付随任務のうち、望ましいエンドステートを達成するために統合部隊が成功裏に実施すべき任務
必須能力（Critical capability）
重心を防護、攻撃するために必須な能力
必須要件（Critical requirement）

必須能力を発揮するために不可欠な要件

ヒューミント（HUMINT：Human intelligence）

人による諜報活動

フェーズ（Phase）

共通の目的のために部隊の大部分が関連した行動を行なう明確に区分された作戦の段階

付随任務（Implied task）

明示任務の達成および他部隊の支援のために達成しなければならない付随的な任務

分岐策（Branches）

計画の中に組み込まれる状況変化時の作戦の選択肢

摩擦（Friction）

作戦の実行時に自然条件、情報や意図の伝達での齟齬、敵の予期せぬ反応により発生する障害のこと

ミッション・ステートメント（Mission statement）

使命を5W1Hの形で簡潔に記述したもの

民間予備航空隊（CRAF：Civil Reserve Air Fleet）

有事において民間航空会社の人員や機材を軍の指揮下で運用し空輸能力を補う米国の制度

明示任務（Specified task）

明示的に付与された任務

目的（Purpose）

使命に示されたとるべき行動の理由

目標（Objective）、軍事目標

軍事行動が指向されるべき明確に定義された達成可能な目標

目標系列

エンドステートを達成するために戦術、作戦、戦略各レベルにおいて整合的に設定された一連の目標

友軍情報要求（FFIR：Friendly Force Information Requirement）

指揮官がタイムリーな決心をするために友軍と支援能力について知らなければならない事項

優先情報要求（PIR：Priority Intelligence Requirement）

指揮官がタイムリーな決心をするために敵と作戦環境について知らなければならない事項

抑止（Deterrence）

相手の行動に対して受容できない対応および行動によるコストが得られる利得を上回ることを分からせて行動を思いとどまらせること

予測事態対処計画作業（Contingency planning）

長期的に生起する可能性のある危機に備えて、平時に時間をかけて実施する計画作業

連合艦隊

日本海軍において２つ以上の艦隊で編成した艦隊。実質的には主力艦を含む全戦力のほとんどを占めた。